云计算与大数据应用

莫有印 ◎ 著

西南财经大学出版社
Southwestern University of Finance & Economics Press

图书在版编目(CIP)数据

云计算与大数据应用/莫有印著.--成都:西南
财经大学出版社,2024.11.--ISBN 978-7-5504-6309-7

Ⅰ.TP393.027;TP274

中国国家版本馆 CIP 数据核字第 2024HJ0717 号

云计算与大数据应用
YUNJISUAN YU DASHUJU YINGYONG

莫有印　著

策划编辑:李邓超
责任编辑:雷　静
责任校对:李建蓉
封面设计:曹　签
责任印制:朱曼丽

出版发行	西南财经大学出版社(四川省成都市光华村街55号)
网　址	http://cbs.swufe.edu.cn
电子邮件	bookcj@swufe.edu.cn
邮政编码	610074
电　话	028-87353785
印　刷	郫县犀浦印刷厂
成品尺寸	170 mm×240 mm
印　张	13.125
字　数	217 千字
版　次	2024 年 11 月第 1 版
印　次	2024 年 11 月第 1 次印刷
书　号	ISBN 978-7-5504-6309-7
定　价	48.00 元

前　　言

随着我国数字经济建设的加速推进，大数据专业人才作为推进这一进程的主力军，社会对他们的需求愈发迫切。高校大数据相关专业建设的重要性日益凸显，并呈现出以下四个特点：一是实用性、交叉性较强，专业设置日趋精细化、融合化；二是专业建设上高度重视产学合作协同育人，产教融合发展迅猛；三是信息技术新工科产学研联盟制定的一系列专业建设方案使得人才培养体系、专业知识体系及课程体系的建设有章可循；四是人才培养日益规范化、标准化。

本教材以云计算与大数据的基本知识入手，以实际应用为脉络，用理论与实践相结合的方式介绍云计算与大数据的内容。全书介绍了云计算与大数据的基本内容，让初学者有一定了解；而后对云计算与大数据的应用方面进行讲解，包括制造业、金融业、医疗业、生态环境、物流业等多个方向的应用。本教材论述严谨，结构合理，条理清晰，内容丰富，不仅能够为相关技术提供一定的理论知识，还能为当前云计算与大数据应用相关理论的深入研究提供借鉴。

我们希望本教材能够充分满足国内众多高校大数据相关专业的教学需求，为培养优质的大数据专业人才提供强有力的支撑，并希望有更多的仁人志士加入我们的队伍，集智汇力，共同推进系列教材建设，在建设数字社会的宏大愿景中，贡献出自己的一份力量！

莫有印

2024 年 6 月

目　　录

第一章　云计算与大数据的基本知识

导学：

经过多年的发展，云计算已经成为目前新兴技术产业中最热门的领域之一，也成为各方媒体、企业及高校讨论的重要主题。一言以蔽之，云计算浪潮已席卷全球。

随着云计算产品、产业基地及政府相关扶持政策纷纷落地，人们对云计算的印象再也不是"云里雾里"的了，这种 IT 行业的新模式已逐渐被政府、企业以及个人所熟知，并作为一种新型的服务逐渐渗透进人们的日常生活和生产工作当中。云计算正在深刻地改变人类的生活与生产方式。

学习目标：

1. 掌握云计算与大数据的基本概念；

2. 了解云计算与大数据的特点；

3. 掌握云计算技术的基本框架。

第一节　云计算的基本知识

一、云计算的内涵

近年来，云计算（Cloud Computing）成为信息技术（Information Technology，IT）领域最令人关注的话题之一，也是当前大型企业、互联网的 IT 建设正在考虑和投入的重要领域。云计算的兴起，催生了新的技术变革和新的 IT 服务模式。但是对大多数人而言，云计算还是一种不确切的定义。到底什么是云计算？

目前，无论是国外还是国内，云计算都取得了前所未有的发展势头，云计算相关产品与服务遍地开花，服务于各行各业。然而，云计算技术和策略的不断发展以及不同云计算之间的差异性结构，导致云计算到目前仍然没有一个统一的概念，但各方也分别根据自己的理解给出略有差异的云计算的定义。

作为网格计算（Grid Computing）之父，伊安·福斯特对云计算的发展也相当关注。他认为云计算是"一种由规模经济效应驱动的大规模分布式计算模式，可以通过网络向客户提供其所需的计算能力、存储及带宽服务等可动态扩展的资源"。

不同于以往文献中所提出的概念，伊安·福斯特明确指出了云计算作为一种新型的计算模式，与之前的效用计算的不同，即其由规模经济效应驱动，也就是说，云计算可以看作效用计算的商业实现。这一说法得到了普遍的引用和赞同，也是第一个被广泛引用的关于云计算的概念。

全球最具权威的 IT 研究与顾问咨询企业高通（Gartern）将云计算定义为一种计算模式，具有大规模可扩展的 IT 计算能力，可以通过互联网以服务的形式传递给最终客户。

国际商业机器公司（International Business Machines Corporation，IBM）IBM 在白皮书《"智慧的地球"——IBM 云计算 2.0》中阐述了对云计算的理解：云计算是一种计算模式，在这种模式中，应用、数据和 IT 资源以服务的方式通过网络提供给用户使用；云计算也是一种基础架构管理的方法论，大量的计算资源组成 IT 资源池，提供动态创建高度虚拟化的资源以满足用户需求。IBM 将云计算看作一个虚拟化的计算机资源池。

相对于 IBM、亚马逊公司（Amazon）等云计算服务商业巨头企业，谷歌（Google）的商业就是云计算。因此，Google 一直在不遗余力地推广云计算的概念。Google 前大中华地区总裁李开复博士将整个互联网比作一朵云，而云计算服务就是以互联网这朵云为中心。在安全可信的标准协议的基础上，云计算为客户提供数据存储、网络计算等服务，并允许客户采用任何方式方便快捷地访问使用相关服务。

目前受到广泛认同，并具有权威性的云计算定义，是由美国国家标准和技术研究院（NIST）提出的："云计算是一种可以通过网络接入虚拟资源池以获取计算资源（如网络、服务器、存储、应用和服务等）的模式，只需要投入较少的管理工作和耗费极少的人为干预就能实现资源的快速获取和释放，且具有随时随地、便利且按需使用等特点。"

综上所述，云计算的核心是可以自我维护和管理的虚拟计算资源，通常是一些大型服务器集群，包括计算服务器、存储服务器和宽带资源等。云计算将计算资源集中起来，并通过专门软件实现自动管理，无需人为参与。用户可以动态申请部分资源，支持各种应用程序的运行，无需为烦琐的细节而烦恼，能够更加专注于自己的业务，有利于提高效率、降低成本和创新技术。

根据这些不同的定义不难发现，无论是专家学者，还是云计算运营商或相关企业，其对云计算的看法基本上还是有一致的地方，只是在某些范围的划定上有所区别，这也是云计算的表现形式的多样性所造成的。不同类型的云计算具有各自不同的特点，要想用一个统一的概念来概括所有种类的云计算的特点是比较困难且不太实际的。只有通过描述云计算中比较典型的特点以及商业模式的特殊性才能给出一个较为全面的概念。

二、云计算的特点

作为一种新颖的计算模式，云计算可扩展、有弹性、按需使用等特点都得到了业界和学术界的认可。

美国国家标准和技术研究院提出了云计算的五个基本特性。第一，按需使用的自助服务。客户无需直接接触每个云计算服务的开发商，就可以单方面自主获取其所需的服务器、网络存储、计算能力等资源或根据自身情况进行组合。第二，广泛的网络访问方式。客户可以使用移动电话、个人计算机（Personal Computer，PC）、平板电脑或工作站点等各种不同类型的大 / 小客户端通过网络（主要是互联网）随时随地访问资源池。第三，资源池。客户无需掌握或了解所提供资源的具体位置，就可以从资源池中按需获得存储以及网络带宽等计算资源，且资源池可以实现动态扩展以及分配。第四，快速地弹性使用。云计算所提供的计算能力可以被弹性地分配和释放，此外还可以自动地根据需求快速伸缩，也就是说，计算能力的分配常常呈现出无限的状态，并且可以在任何时间分配任何数量。第五，可评测的服务。云计算系统可以根据存储、处理、带宽和活跃用户账号的具体情况进行自动控制，以优化资源配置，同时还可以将这些数据提供给客户，从而实现透明化的服务。

由几大云计算商业巨头 IBM、Sun、VMware、思科等企业共同支持的《开放云计算宣言》（*Open Cloud Manifesto*），赋予了云计算几个主要的特征：云计算提供了可动态扩展的计算资源，具有低成本、高性能的特点；云计算客户（最终用户、组织或 IT 员工）无需担心基础设施的建设与维护，可以最大限度地使用相关资源；云计算包含私有性（在某个组织的防火墙内部使用）和公有性（在互联网上使用）两种构架。

国内云计算方面的专家也给出了云计算的七大特性，该观点也受到了国内业界的普遍认可。第一，超大规模。无论是 IBM、Google、Amazon 等跨国大型企业所提供的云计算，还是国内企业私有云计算，一般都拥有上百台至上百万台服务器，规模巨大，同时也为客户提供了前所未有的计算资源和能力。第二，虚拟化。虚拟化是支撑云计算的最重要的技术基石，使得用户可以在任何地方通过各种终端接入"云"以获取应用服务。第三，高可靠性。相比本地计算机，云计算采用了数据多副本容错等措施，可靠性更高。第四，通用性。云计算的架构支持开发出各种各样的应用，且一个云计算可以允许多个应用同时运行与操作。第五，高扩展性。高扩展性也是云计算服务的一大重要特征，能够实现云计算资源的动态伸缩，以满足客户的不同等级和规格的需求。第六，按需服务。用户可以像购买公共资源那样从"云"这个庞大的资源池中购买自己所需的应用和资源。第七，极其廉价。云计算的自动化集中式管理省去了企业开发、管理以及维护数据中心的成本和精力，且可以通过动态配置和再配置大幅度提高资源的使用率。

IT 业专家将云计算与网格计算（Grid Computing）、全局计算（Global Computing）以及互联网计算（Internet Computing）等多种计算模式相比，也归纳出云计算的几大特点。第一，客户界面友好。使用云计算服务的客户无需改变原有的工作习惯和工作环境，只需要在本地安装比较小的云客户端软件即可，不会占用大量电脑空间和花费较大的安装成本，云计算的界面也与客户所在的地理位置无关，只要通过诸如 Web 服务框架和互联网浏览器等成熟的界面访问即可，真正实现随时随地、安全放心、快捷方便地享用云计算所提供的服务与资源。第二，按需配置服务资源。云计算服务是根据客户需求或购买的权限提供相关资源和服务，客户可以根据自身实际的需求选择普通或个性化的计算环境，并获得管理特权。第三，服务质量保证。云计算为客户提供的计算环境都拥有服务质量保证，客户可以放心使用，不必担心底层基础设施的建设与维护、备份与保存等问题。第四，独立系统。云计算是一个独立系统，向客户实行透明化的管理模式，云计算中软件、硬件和数据都可自动配置、安排和强化，并以单一平台的形象呈现给客户。第五，可扩展性和灵活性。可扩展性和灵活性是云计算最重要的特征，也是云计算区别于其他效用计算的根本特征，云计算服务可以从地理位置、硬件性能、软件配置等多个方面被扩展。云计算服务具有足够的灵活性，可以满足大量客户的不同需求。

三、云计算的分类

云计算是一种通过网络向客户提供服务和资源的新型 IT 模式。通过这种方式，软硬件资源和信息按需要弹性地提供给客户。目前，几乎所有的大型 IT 企业、互联网提供商和电信运营商都涉足云计算产业，提供相关的云计算服务。

按照部署方式分类，云计算包括私有云、公有云、社区云、混合云。

（一）公有云

公有云（Public Cloud）又称为公共云，即传统主流意义上所描述的云计算服务。目前，大多数云计算企业主打的云计算服务就是公有云服务，用户一般可以通过互联网接入使用。此类云一般是面向一般大众、行业组织、学术机构、政府机构等，由第三方机构负责资源调配。例如，Google App Engine，IBM Develop Cloud，以及 Windows Azure 都属于公有云服务范畴。公有云的核心属性是共享资源服务。

1. 公有云的优势

（1）灵活性。

公有云模式下，用户几乎可以立即配置和部署新的计算资源，可以将精力和注意力集中于更值得关注的方面，提高整体商业价值。在之后的运行中，用户可以更加快捷方便地根据需求变化进行计算资源组合的更改。

（2）可扩展性。

当应用程序的使用或数据增长时，用户可以轻松地根据需求进行计算资源的增加。同时，很多公有云服务商提供自动扩展功能，帮助用户自动完成增添计算实例或存储。

（3）高性能。

当企业中部分工作任务需要借助高性能计算（HPC）时，企业如果选择在自己的数据中心安装 HPC 系统，那将会是十分昂贵的。而公有云服务商可以轻松部署，并且在其数据中心安装最新的应用与程序，为企业提供按需支付使用的服务。

（4）低成本。

由于规模原因，公有云数据中心可以取得大部分企业难以企及的经济效益，公有云服务商的产品定价通常也处于一个相当低的水平。除了购买成本，通过公有云，用户同样也可以节省其他成本，如员工成本、硬件成本等。

2. 公有云的劣势

（1）安全问题。

当企业放弃他们的基础设备并将其数据和信息存储于云端时，很难保证这些数据和信息会得到足够的保护。同时，公有云庞大的规模和涵盖用户的多样性也让其成为黑客们喜欢攻击的目标。

（2）不可预测成本。

按使用付费的模式其实是把双刃剑，一方面它确实降低了公有云的使用成本，但另一方面它也会带来一些难以预料的花费。比如，在使用某些特定应用程序时，企业会发现支出相当惊人。

（二）私有云

私有云（Private Cloud）是指仅仅在一个企业或组织范围内部所使用的"云"。使用私有云可以有效地控制其安全性和服务质量等。此类云一般由该企业或第三方机构或者双方共同运营与管理。例如，支持 SAP 服务的中化云计算和快播私有云就是国内典型的私有云服务。私有云的核心属性是专有资源。

1. 私有云的优势

（1）安全性。

通过内部的私有云，企业可以控制其中的任何设备，从而部署任何自己觉得合适的安全措施。

（2）法规遵从。

在私有云模式中，企业可以确保其数据存储满足任何相关法律法规。而且，企业能够完全控制安全措施，必要的话可以将数据保留在一个特定的地理区域。

（3）定制化。

内部私有云还可以让企业能够精确地选择进行自身程序应用和数据存储的硬件，不过实际上往往由服务商来提供这些服务。

2. 私有云的劣势

（1）总体成本。

由于企业购买并管理自己的设备，因此私有云不会像公有云那样成本较低。在部署私有云时，其员工成本和资本费用依然会很高。

（2）管理复杂性。

企业建立私有云时，需要自己进行私有云中的配置、部署、监控和设备保护等一系列工作。此外，企业还需要购买和运行用来管理、监控和保护云环境的软件。而在公有云中，这些事务将由服务商来解决。

（3）有限灵活性、扩展性和实用性。

私有云的灵活性不高，如果某个项目所需的资源尚不属于目前的私有云，那么获取这些资源并将其增添到云中的工作可能会花费几周甚至几个月的时间。同样，当需要满足更多的需求时，扩展私有云的功能也会比较困难。私有云的实用性需要由基础设施管理、连续性计划及灾难恢复计划工作的成果决定。

（三）混合云

顾名思义，混合云（Hybrid Cloud）就是将单个或多个私有云和单个或多个公有云结合为一体的云环境。它既拥有公有云的功能，又可以满足客户基于安全和控制原因而对私有云的需求。混合云内部的各种云之间是保持相互独立的，但同样也可以实现各个云之间的数据和应用的相互交换。此类云一般由多个内外部的提供商负责管理与运营。混合云的示例包括运行在荷兰 iTricity 的云计算中心。

混合云的独特之处：混合云集成了公有云强大的计算能力和私有云的安全性等优势，让云平台中的服务通过整合变为更具灵活性的解决方案。混合云可以同时解决公有云与私有云的不足，比如公有云的安全和可控问题，私有云的性价比不高、弹性扩展不足的问题等。当用户认为公有云不能够满足企业需求的时候，在公有云环境中可以构建私有云来实现混合云。

（四）社区云

社区云（Community Cloud）是面向具有共同需求（如隐私、安全和政策等方面）的两个或多个组织内部的"云"，隶属于公有云概念范畴以内。该类云一般由参与组织或第三方组织负责运营与管理。深圳大学城云计算服务平台和阿里旗下的 phpwind 云就是典型的社区云，其中前者是国内首家社区云计算服务平台，主要服务于深圳大学城园区内的各高校单位以及教师职工等。

社区云具有以下特点：区域型和行业性、有限的特色应用、资源的高效共享、社区内成员的高度参与性。

四、云计算的基本架构

云计算是一种商业计算模型，它将计算任务分布在大量计算机构成的资源池上，使用者能够按需获取计算力、存储空间和信息服务。美国国家标准和技术研究院提出云计算的三个基本框架（服务模式），即基础设施即服务（Infrastructure as a Service，IaaS）、平台即服务（Platform as a Service，PaaS）、软件即服务（Software as a Service，SaaS）。

（一）基础设施即服务

基础设施即服务（IaaS）位于云计算三层架构的最底端，主要负责提供虚拟的服务器、存储、带宽和其他基本的计算资源，用以帮助用户解决计算资源定制的问题。用户可以根据自己的购买权限部署、运行操作系统和应用程序，而不需花时间和精力去管理、维护底层的硬件基础设施。此外，用户也可以根据自身需求去更改部分网络组件。该层通常按照所消耗资源的成本进行收费。

1.IaaS 的基本功能

虽然不同云服务提供商的基础设施层在所提供的服务上有所差异，但是作为提供底层基础 IT 资源的服务，该层一般都具有以下基本功能：

（1）资源抽象。

要搭建基础设施层，我们首先面对的是大规模的硬件资源，比如通过网络相互连接的服务器和存储设备等。为了能够实现高层次的资源管理逻辑，我们必须对资源进行抽象，也就是对硬件资源进行虚拟化。

虚拟化的过程，一方面需要屏蔽硬件产品上的差异，另一方面需要对每一种硬件资源提供统一的管理逻辑和接口。值得注意的是，根据基础设施层实现的逻辑不同，同一类型的资源的不同虚拟化方法可能存在着非常大的差异。另外，根据业务逻辑和基础设施层服务接口的需要，基础设施层资源的抽象往往是具有多个层次的。例如，目前业界提出的资源模型中就出现了虚拟机（Virtual Machine）、集群（Cluster）和云（Cloud）等若干层次分明的资源抽象。资源抽象为上层资源管理逻辑定义了被操作的对象和粒度，是构建基础设施层的基础。如何对不同品牌和型号的物理资源进行抽象，以一个全局统一的资源池的方式进行管理并呈现给客户，是基础设施层必须解决的一个核心问题。

（2）资源监控。

资源监控是负载管理的前提，是保证基础设施层高效率工作的一个关键功能。基础设施层对不同类型的资源监控方法是不同的。对于 CPU，我们通常监控的是其使用率；对于内存和其他存储器，除了监控使用率，还会根据需要监控读写操作；对于网络，则需要对其实时的输入、输出及路由状态进行监控。

基础设施层首先需要根据资源的抽象模型建立一个资源监控模型，用来描述资源监控的内容及其属性。例如，Amazon 的 Cloud Watch 是一个提供给用户来监控 Amazon EC2 实例并负责负载均衡的 Web 服务。该服务定义了一组监控模型，使得用户可以基于模型使用监控工具对 EC2 实例进行实时监测，并在此基础上进行负载均衡决策。同时，资源监控还具有不同的粒度和抽象层次。典型的资源监控是对某个具体的解决方案整体进行监控。一个解决方案往往由多个虚拟资源组成，整体监控结果是对解决方案各个部分监控结果的整合。通过对结果进行分析，用户可以更加直观地监控到资源的使用情况及其对性能的影响，从而采取必要的措施对解决方案进行调整。

（3）负载管理。

在基础设施层这样大规模的资源集群环境中，任何时刻所有节点的负载都不是均匀的。如果节点的资源利用率合理，它们的负载即使在一定程度上不均匀，也不会导致严重的问题。可是，当太多节点资源利用率过低或者节点之间负载差异过大时，会造成一系列突出的问题。如果太多节点负载较低，会造成资源上的浪费，就需要基础设施层提供自动化的负载平衡机制，将负载进行合并，提高资源使用率并且关闭负载整合后闲置的资源；如果资源利用率差异过大，则会造成有些节点的负载过高，上层服务的性能受到影响，而另外一些节点的负载太低，资源没能充分利用，这时就需要基础设施层的自动化负载平衡机制将负载进行转移，即负载过高节点转移到负载过低节点，从而使得所有资源在整体负载和整体利用率上面趋于平衡。

（4）存储管理。

在云计算环境中，软件系统经常处理的数据分为很多不同的种类，如结构化的 XML 数据、非结构化的二进制数据及关系型的数据库数据等。不同的基础设计层提供的功能不同，会使得数据管理的实现有着非常大的差异。由于基础设施层由数据中心大规模的服务器集群所组成，甚至由若干不同数据中心的服务器集群组成，因此数据的完整性、可靠性和可管理性是对基础设施层数据管理的基本要求。

（5）资源部署。

资源部署指的是通过自动化部署流程将资源交付给上层应用的过程。在应用程序环境构建初期,当所有虚拟化的硬件资源环境都已经准备就绪时,就需要进行初始化过程的资源部署。另外,在应用运行过程中,往往会进行二次甚至多次资源部署,从而满足上层应用对于基础设施层中资源的需求,也就是运行过程中的动态部署。

动态部署有多种应用场景,一个典型的应用场景就是实现基础设施层的动态可伸缩性,即云的应用可以在极短的时间内根据用户需求和服务状况的变化而调整。当用户应用的工作负载过高时,用户可以非常容易地将自己的服务实例从数个扩展到数千个,并自动获得所需要的资源。通常,这种伸缩操作不但要在极短的时间内完成,还要保证操作复杂度不会随着规模的增大而增大。另外一个典型场景是故障恢复和硬件维护。在云计算这样由成千上万服务器组成的大规模分布式系统中,硬件出现故障在所难免,在硬件维护时也需要将应用暂时移走,基础设施层需要能够复制该服务器的数据和运行环境,并通过动态资源部署在另外一个节点上建立起相同的环境,从而保证服务从故障中快速恢复过来。

资源部署的方法也会因构建基础设施层所采用技术的不同而有着巨大的差异。使用服务器虚拟化技术构建的基础设施层和未使用这些技术的传统物理环境有很大的差别,前者的资源部署更多是虚拟机的部署和配置过程,而后者的资源部署则涉及从操作系统到上层应用整个软件堆栈的自动化安装和配置。相比之下,采用虚拟化技术的基础设施层资源部署更容易实现。

(6)安全管理。

安全管理的目标是保证基础设施资源被合法地访问和使用。在个人电脑上,为了防止恶意程序通过网络访问计算机中的数据或者破坏计算机,一般都会安装防火墙来阻止潜在的威胁。数据中心也设有专用防火墙,甚至通过规划出隔离区来防止恶意程序入侵。云计算需要能够提供可靠的安全防护机制来保证云中的数据是安全的,并提供安全审查机制保证对云中数据的操作都是经过授权的且是可被追踪的。

云是一个更加开放的环境,用户的程序可以被更容易地放在云中执行,这就意味着恶意代码甚至病毒程序都可以从云内部破坏其他正常的程序。由于程序在运行和使用资源的方式上都和传统的程序有着较大区别，因此如何在云计算环境里更好地控制代码的行为或者识别恶意代码和病毒代码就成为管理员面临的新挑战。同时，在云计算环境中，数据都存储在云中，如何通过安全策略阻止云的管理人员泄露数据也是一个需要着重考虑的问题。

（7）计费管理。

云计算倡导按使用量计费的模式。通过监控上层的使用情况，可以计算出在某个时间段内应用所消耗的存储、网络、内存等资源，并根据这些计算结果向用户收费。对于一个需要传输海量数据的任务，通过网络传输可能还不如将数据存储在移动存储设备中，再由快递公司送到目的地更有效。因为大规模数据传输一方面占用大量时间，另一方面消耗大量网络带宽，数据传输费用相当可观。可见，在具体实施的时候，云计算提供商可以采用一些适当的替代方式来保证用户业务的顺利完成，同时降低用户需要支付的费用。

2.IaaS 的优势

（1）低成本。

IaaS 服务使用户不需要购置硬件，省去了前期的资金投入；使用 IaaS 服务是按照实际使用量进行收费的，不会产生闲置浪费；IaaS 可以满足突发性需求，用户不需要提前购买服务。

（2）免维护。

IT 资源运行在 IaaS 服务中心，用户不需要进行维护，维护工作由云计算服务商承担。

（3）灵活迁移。

虽然很多 IaaS 服务平台都存在一些私有功能，但是随着云计算技术标准的诞生，IaaS 的跨平台性能得到提高。运行在 IaaS 上的应用将可以灵活地在 IaaS 服务平台间进行迁移，不会被固定在某个企业的数据中心。

（4）伸缩性强。

IaaS 只需几分钟就可以给用户提供一个新的计算资源，而传统的企业数据中心则需要数天甚至更长时间才能完成，并且 IaaS 可以根据用户需求来调整资源的大小。

（5）支持应用广泛。

IaaS 主要以虚拟机的形式为用户提供 IT 资源，可以支持各种类型的操作系统。因此，IaaS 所支持应用的范围非常广泛。

（二）平台即服务

平台即服务（PaaS）位于云计算三层架构的最中间，主要是为用户提供一个基于互联网的应用开发环境（或平台），以支持应用从创建到运行整个生命周期所需的各种软硬件资源和工具。在 PaaS 层面，服务提供商提供的是经过封装的 IT 能力，或者说是一些逻辑的资源，比如数据库、文件系统和应用运行环境等。用户可以在该云平台中开发和部署新的应用程序，但应用程序的开发和部署必须遵守该平台的规定和限制，如编程语言、编程框架等，通常按照用户或登录情况计费。

1.PaaS 的核心功能

云计算平台层与传统的应用平台在所提供的服务方面有很多相似之处。传统的应用平台，如本地 Java 环境或 Net 环境都定义了平台的各项服务标准、元数据标准、应用模型标准等规范，并为遵循这些规范的应用提供了部署、运行和卸载等一系列流程的生命周期管理。云计算平台层是对传统应用平台在理论与实践上的一次升级，这种升级给应用的开发、运行和运营等各个方面都带来了变革。平台层需要具备一系列特定的基本功能，才能满足这些变革的需求。

（1）开发测试环境。

平台层对于在其上运行的应用来说，首先扮演的是开发平台的角色。一个开发平台需要清晰地定义应用模型，具备一套应用编程接口（API）代码库，提供必要的开发测试环境。

一个完备的应用模型包括开发应用的编程语言、应用的元数据模型以及应用的打包发布格式。一般情况下，平台基于对传统应用平台的扩展而构建，因此应用可以使用的流行的编程语言进行开发，如 Google App Engine 目前支持 Python 和 Java 这两种编程语言。即使平台层具有特殊的实现架构，开发语言也应该在语法上与现有编程语言尽量相似，从而缩短开发人员的学习时间，如 Salesforce.com 使用的是自有编程语言 Apex，该语言在语法和符号表示上与

Java 类似。元数据在应用与平台层之间起着重要的接口作用，比如平台层在部署应用的时候需要根据应用的元数据对其进行配置，在应用运行时也会根据元数据中的记录为应用绑定平台层服务。应用的打包格式需要指定应用的源代码、可执行文件和其他不同格式的资源文件应该以何种方式进行组织，以及这些组织好的文件如何整合成一个文件包，从而以统一的方式发布到平台层。

平台层所提供的代码库及其 API 对于应用的开发至关重要。代码库是平台层为在其上开发应用而提供的统一服务，如界面绘制、消息机制等。定义清晰、功能丰富的代码库能够有效地减少重复工作，缩短开发周期。传统的应用平台通常提供自有的代码库，使用了这些代码库的应用只能在此平台上运行。在云计算平台中，某一云计算提供商的平台层代码库可以包含由其他云计算提供商开发的第三方服务，这样的组合模式对用户的应用开发过程是透明的。假设某云平台提供了自有服务 A 与 B，同时该平台也整合了来自第三方的服务 D。那么，用户看到的是该云平台提供的 A、B 和 D 三种服务程序接口，可以无差异地使用它们。可见，平台层作为一个开发平台应具有更好的开放性，为开发者提供更丰富的代码库和 API。

平台层需要为用户提供应用的开发和测试环境，通常，这样的环境有两种实现方式。第一种方式是通过网络向软件开发者提供在线的应用开发和测试环境，即一切的开发测试任务都在服务器端完成。这样做的好处是开发人员不需要安装和配置开发软件，但需要平台层提供良好的开发体验，而且要求开发人员所在的网络稳定且有足够的带宽。第二种方式是提供离线的集成开发环境，为开发人员提供与真实运行环境非常类似的本地测试环境，支持开发人员在本地进行开发与测试。这种离线开发的模式更符合大多数开发人员的经验，也更容易获得良好的开发体验。在开发测试结束以后，开发人员需要将应用上传到云中，让它运行在平台层上。

（2）运行环境。

完成开发测试工作以后，开发人员需要做的就是对应用进行部署上线。应用上线首先要将打包好的应用上传到远程的云平台上。然后，云平台通过解析元数据信息对应用进行配置，使应用能够正常访问其所依赖的平台服务。平台层的不同用户之间是完全独立的，不同的开发人员在创建应用的时候不可能对彼此应用的配置及其如何使用平台层进行提前约定，配置冲突可能导致应用不能正常运行。因此，在配置过程中需要加入必要的验证步骤，以避免冲突的发生。配置完成之后，将应用激活即可使其进入运行状态。

以上云应用的部署激活是平台层的基本功能。此外，该层还需要具备更多的高级功能来充分利用基础设施层提供的资源，通过网络交付给客户高性能、安全可靠的应用。为此，平台层与传统的应用运行环境相比，必须具备三个重要的特性：隔离性、可伸缩性和资源的可复用性。

隔离性具有两个方面的含义，即应用间隔离和用户间隔离。应用间隔离是指不同应用之间在运行时不会相互干扰，包括对业务和数据的处理等各个方面。应用间隔离保证应用都在一个隔离的工作区内运行，平台层需要提供安全的管理机制对隔离的工作区进行访问控制。用户间隔离是指同一解决方案中不同用户之间的相互隔离，比如对不同用户的业务数据相互隔离，或者每个用户都可以对解决方案进行自定义配置而不影响其他用户的配置。

可伸缩性是指平台层分配给应用的处理、存储和带宽能够根据工作负载或业务规模的变化而变化，即工作负载或业务规模增大时，平台层分配给应用的处理能力能够增强；当工作负载或者业务规模减小时，平台层分配给应用的处理能力可以相应减弱。比如，当应用需要处理和保存的数据量不断增加时，平台层能够按需增强数据库的存储能力，从而满足应用对数据存储的需求。可伸缩性对于保障应用性能、避免资源浪费都是十分重要的。

资源的可复用性是指平台层能够容纳数量众多的不同应用的通用平台，满足应用的扩展性。当用户应用业务量提高、需要更多的资源时，可以向平台层提出请求，让平台层为其分配更多的资源。当然，这并不是说平台层所拥有的资源是无限的，而是通过统计复用的办法使得资源足够充裕，能够保证应用在不同负载下可靠运行，用户可以随时按需索取。这就需要平台层所能使用的资源数量本身是充足的，并要求平台层能够高效利用各种资源，对不同应用所占有的资源根据其工作负载变化来进行实时动态的调整。

（3）运维环境。

随着业务和客户需求的变化，开发人员往往需要改变现有系统从而产生新的应用版本。云计算环境简化了开发人员对应用的升级任务，因为平台层提供了升级流程自动化向导。为了提供这一功能，云平台要定义出应用的升级补丁模型及一套内部的应用自动化升级流程。当应用需要更新时，开发人员需要按照平台层定义的升级补丁模型制作应用升级补丁，使用平台层提供的应用升级脚本上传升级补丁、提交升级请求。平台层在接收到升级请求后，解析升级补丁并执行自动化的升级过程。应用的升级过程需要考虑两个重要问题：第一，升级操作的类型对应用可用性的影响，即在升级过程中客户是否还可以使用老版本的应用处理业务；第二，升级失败时如何恢复，即如何回应升级操作对现有版本应用的影响。

在应用运行过程中，平台层需要对应用进行监控。一方面，用户通常需要实时了解应用的运行状态，比如应用当前的工作负载及是否发生了错误或出现异常状况等。另一方面，平台层需要监控解决方案在某段时间内所消耗的系统资源，不同目的的监控所依赖的技术是不同的。对于应用运行状态的监控，平台层可以直接监测到响应时间、吞吐量和工作负载等实时信息，从而判断应用的运行状态。比如，可以通过网络监控来跟踪不同时间段内应用所处理的请求量，并由此来绘制工作负载变化曲线，根据相应的请求响应时间来评估应用的性能。

对于资源消耗的监控，可以通过调用基础设施层服务来查询应用的资源消耗状态，这是因为平台层为应用分配的资源都是通过基础设施层获得的。比如通过使用基础设施层服务为某应用进行初次存储分配。在运行时，该应用同样通过调用基础设施层服务来存储数据。

这样，基础设施层记录了所有与该应用存储相关的细节，以供平台层查询。

用户所需的应用不可能是一成不变的，市场会随着时间推移不断改变，总会有一些新的应用出现，也会有老的应用被淘汰。因此，平台层需要提供卸载功能帮助用户淘汰过时的应用。平台层除了需要在卸载过程中删除应用程序，还需要合理地处理该应用所产生的业务数据。通常，平台层可以按照用户的需求选择不同的处理策略，如直接删除或备份后删除等。平台层需要明确应用卸载操作对用户业务和数据的影响，在必要的情况下与用户签署书面协议，对卸载操作的功能范围和工作方式作出清楚说明，避免造成业务上的损失和不必要的纠纷。

平台层运维环境应该具备统计计费功能。这个计费功能包括两方面：第一，根据应用的资源使用情况，对使用了云平台资源的 ISV 计费，这一点在前面基础设施层的资源监控功能中有所提及；第二，根据应用的访问情况，帮助 ISV 对最终用户进行计费。通常，平台层会提供诸如用户注册登录、ID 管理等平台层服务，通过整合这些服务，ISV 可以便捷地获取最终用户对应用的使用情况，并在这些信息的基础上加入自己的业务逻辑，对最终用户进行细粒度的计费管理。

2.PaaS 的优势

一般来说，与现有的基于本地的开发和部署环境相比，PaaS 平台主要在下面这六方面有非常大的优势：

（1）友好的开发环境。

PaaS 平台通过提供软件开发工具包（Software Development Kit，SDK）和集成开发环境（Integrated Development Environment，IDE）等工具来让用户不仅能在本地方便地进行应用的开发和测试，而且能够进行远程部署。

（2）丰富的服务。

PaaS 平台会以 API 的形式将各种各样的服务提供给上层的应用。系统软件（比如数据库系统）、通用中间件（比如认证系统，高可靠消息队列系统）、行业中间件（比如 OA 流程，财务管理等）都可以作为服务提供给应用开发者使用。

（3）精细的管理和监控。

PaaS 能够提供应用层的管理和监控，能够观察应用运行的情况和具体数值（如吞吐量和响应时间等）来更好地衡量应用的运行状态，还能够通过精确计量应用所消耗的资源进行计费。

（4）伸缩性强。

PaaS平台会自动调整资源来帮助运行于其上的应用更好地应对突发流量。当应用负载突然提升的时候，平台会在很短时间（1分钟左右）内自动增加相应的资源来分担负载。当负载高峰期过去以后，平台会自动回收多余的资源，避免资源浪费。

（5）多租户（Multi-Tenant）机制。

PaaS平台具备多租户机制，能让一个单独的应用实例为多个组织服务，而且能保持良好的隔离性和安全性。通过这种机制，不仅能更经济地支撑庞大的用户规模，而且能够提供一定的可定制性以满足用户的特殊需求。关于多租户将在之后详细介绍。

（6）整合率和经济性。

PaaS平台的整合率是非常高的，比如PaaS的代表Google App Engine能在一台服务器上承载成千上万的应用。而普通的IaaS平台的整合率最多也不会超过100，而且普遍在10左右，使得IaaS的经济性不如PaaS。

（三）软件即服务

软件即服务（SaaS）是最常见的云计算服务，位于云计算三层架构的顶端。软件即服务是将软件服务通过网络（主要是互联网）提供给客户，客户只需通过浏览器或其他符合要求的设备接入使用即可。SaaS所提供的软件服务都是由服务提供商或运营商负责维护和管理，客户根据自身需求进行租用，从而消除了客户购买、构建和维护基础设施和应用程序的过程。SaaS的概念早已有之，是一种创新的软件应用模式。

1.SaaS的特性

与传统软件相比，SaaS服务依托于软件和互联网，不论从技术角度还是商务角度都拥有与传统软件不同的特性，具体表现在：

（1）互联网特性。

一方面，SaaS服务通过互联网浏览器或Web Services/Web 2.0程序连接的形式为用户提供服务，使得SaaS应用具备了典型互联网技术特点；另一方面，SaaS极大地缩短了用户与SaaS提供商之间的时空距离，从而使得SaaS服务

的营销、交付与传统软件相比有着很大的不同。

（2）多租户特性。

SaaS 服务通常基于一套标准软件系统为成百上千的不同租户提供服务。这要求 SaaS 服务能够支持不同租户之间数据和配置的隔离，从而保证每个租户数据的安全与隐私，以及用户对诸如界面、业务逻辑、数据结构等的个性化需求。由于 SaaS 同时支持多个租户，每个租户又有很多用户，这对支撑软件的基础设施平台的性能、稳定性、扩展性提出很大挑战。

（3）服务特性。

SaaS 使得软件以互联网为载体的服务形式被客户使用，所以服务合约的签订、服务使用的计量、在线服务质量的保证、服务费用的收取等问题都必须考虑。而这些问题通常是传统软件没有考虑到的。

（4）可扩展特性。

可扩展性意味着最大限度地提高系统并发性，更有效地使用系统资源。

（5）可配置特性。

SaaS 通过不同的配置满足不同用户的需求，而不需要为每个用户进行定制，以降低定制开发的成本。但是，软件的部署架构没有太大的变化，依然为每个客户独立部署一个运行实例。只是每个运行实例运行的是同一段代码，通过配置的不同来满足不同客户的个性化需求。在 SaaS 模式的使用环境中，一般使用元数据（Metadata）来为其终端用户配置系统的界面以及相关的交互行为。

（6）随需应变特性。

传统应用程序被封装起来或在外部被主程序控制，无法灵活地满足新的需求。而 SaaS 模式的应用程序则是随需应变的，应用程序的使用将是动态的，提供了集成的、可视化的或自动化的特性。随需应变的应用程序有助于帮助客户应对新时代不断的需求变化、残酷的市场竞争、金融压力以及不可预测的威胁及风险等带来的挑战。

2. 多租户 SaaS 架构

（1）多租户架构。

首先，我们需要厘清三个概念，即多用户、单租户、多租户的概念。

多用户，即不同的用户拥有不同的访问权限，但是多个用户共享同一个实例。

单租户，又被称作多实例（Multi-instance），指的是为每个用户单独创建各自的软件应用和支撑环境。通过单租户的模式，每个用户都有一份分别放在独立的服务器上的数据库和操作系统，或者使用强的安全措施进行隔离的虚拟网络环境中。

多租户，也称为多重租赁技术，是一种软件架构技术，它是在探讨如何实现于多用户的环境下共用相同的系统或程序组件，并且仍可确保各用户间数据的隔离性。

多租户是实现 SaaS 的核心技术之一。通常，应用程序支持多个用户，但是前提是它认为所有用户都来自同一个组织。这种模型适用于未出现 SaaS 的时代，组织会购买一个软件应用程序供自己的成员使用。但是在 SaaS 和云的世界中，许多组织都将使用同一个应用程序；它们必须能够允许自己的用户访问应用程序，但是应用程序只允许每个组织自己的成员访问其组织的数据。从架构层面来说，SaaS 和传统技术的重要区别就是多租户模式。

多租户是决定 SaaS 效率的关键因素。它将多种业务整合到一起，降低了面向单个租户的运营维护成本，实现了 SaaS 应用的规模经济，从而使得整个运维成本大大减少，同时使收益最大化。多租户实现了 SaaS 应用的资源共享，充分利用了硬件、数据库等资源，使服务供应商能够在同一时间内支持多个用户，并在应用后端使用可扩展的方式来支持客户端访问以降低成本。而对用户而言，他们是基于租户隔离的，同时能够根据自身的独特需求实现定制。

在一个多租户的结构下，应用都是运行在同样或者是一组服务器下，这种结构被称为"单实例"架构（Single Instance）、单实例多租户。多个租户的数据保存在相同位置，依靠对数据库分区来实现隔离操作。既然用户都在运行相同的应用实例，服务运行在服务供应商的服务器上，用户无法去进行定制化

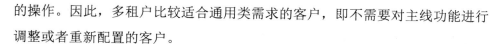

的操作。因此，多租户比较适合通用类需求的客户，即不需要对主线功能进行调整或者重新配置的客户。

（2）多租户的实现方案。

多租户就是说多个租户共用一个实例，租户的数据既有隔离又有共享，说到底就是如何解决数据存储的问题。目前，SaaS 多租户在数据存储上存在三种主要的方案，分别是完全隔离、部分共享以及完全共享。下面就分别对这三种方案进行介绍。

①完全隔离。

每个租户使用单独的数据库。这是第一种方案，即一个租户（Tenant）有一个数据库（Database）。这种方案的用户数据隔离级别最高，安全性最好，但成本也高。

优点：为不同的租户提供独立的数据库，有助于简化数据模型的扩展设计，满足不同租户的独特需求；如果出现故障，恢复数据比较简单。

缺点：增加了数据库的安装数量，随之带来维护成本和购置成本的增加。

这种方案与传统的一个客户、一套数据、一套部署类似，差别只在于软件统一部署在运营商那里。如果面对的是银行、医院等需要非常高数据隔离级别的租户，可以选择这种模式，提高租用的定价。如果定价较低，产品走低价路线，这种方案一般对运营商来说是无法承受的。

②部分共享。

共享数据库，但是使用单独的模式。这是第二种方案，即多个或所有租户共享一个数据库，但每个租户都有一个模式（Schema）。

优点：为安全性要求较高的租户提供了一定程度的逻辑数据隔离，并不是完全隔离；每个数据库可以支持更多的租户数量。

缺点：如果出现故障，数据恢复比较困难，因为恢复数据库将牵扯到其他租户的数据。如果需要跨租户统计数据，存在一定困难。

③完全共享。

使用相同的数据库和相同的模式。这是第三种方案，即租户共享同一个数据库、同一个模式，但在表中通过 tenantID 来区分租户的数据。也就是说每插入一条数据时都需要有一个客户的标识，这样才能在同一张表中区分出不同客户的数据。这是共享程度最高、隔离级别最低的模式。

优点：维护和购置成本最低，允许每个数据库支持的租户数量最多。

缺点：隔离级别最低，安全性最低，需要在设计开发时加大对安全的开发量；数据备份和恢复最困难，需要逐条逐表备份和还原。

如果希望以最少的服务器为最多的租户提供服务，并且租户接受以牺牲隔离级别换取降低成本，这种方案最适合。

第二节　大数据的基本知识

一、狭义的大数据

受早期研究者将数据作为一种工具思想的影响，很多研究机构和学者一般将大数据作为一种辅助工具或者从其体量特征来进行定义。

高德纳（Gartner）咨询管理公司数据分析师认为，大数据具有一种在正常的时间和空间范围内，常规的软件工具难以计算、提出相关数据分析的能力。

作为大数据研究讨论先驱者的咨询公司麦肯锡，在其大数据的研究报告《大数据：创新、竞争和生产力的下一个前沿》（*Big Data：The next frontier for innovation，competition and productivity*）中根据大数据的数据规模来对其诠释。它给出的定义是：大数据指的是规模已经超出了传统的数据库软件工具收集、存储、管理和分析能力的数据集。需要指出的是，麦肯锡在其报告中同时强调，大数据并不能音译为超过某一个特定的数字，或是超过某一个特定的数据容量才能命名为大数据，大数据随着技术的不断进步，其数据集容量也会不断扩大，行业的不同也会使大数据的定义不同。

电子商务行业的巨人亚马逊的专业大数据专家对大数据的定义：大数据，指的是超过了一台计算机的设备、软件等处理能力的数据规模、资料讯息海量的数据集。

日本夜村综合研究所的著名学者城田真琴和朱四明在其专著《大数据的冲击》中通过对大数据的起源进行探讨后，在关于什么是大数据中给出的定义为：

大数据，指的是通过运用现有的一般技术而难以进行管理的大量数据集的集合。

　　简以概之，对于大数据的狭义理解，研究者大多从微观的视角出发，将大数据理解为当前的技术环境难以处理的一种数据集或者能力；而从宏观方面进行定义的，研究者们目前还没有提出一种可量化的内涵理解，但多数学者都提出了对大数据的宏观理解，未来还需要保持大数据在不同行业领域不断更新、可持续发展的观念。

二、广义的大数据

　　以对大数据进行分析管理，挖掘数据背后所蕴含的巨大价值为视角，对大数据的概念进行定义被认为是广义大数据的概念。

　　维基百科对大数据给出的定义是：巨量数据，或称为大数据、大资料，指的是所涉及的数据量规模巨大到无法通过当前的技术软件和工具在一定的时间内进行截取、管理、处理，并整理成为需求者所需要的信息进行决策。

　　被誉为"大数据时代的语言家"的维克托·迈尔·舍恩伯格、肯尼思·库克耶在其专著《大数据时代：生活、工作与思维的大变革》中对大数据的定义为：大数据是人们获得新的认知、创造新的价值的源泉；大数据还未改变市场、组织机构，以及政府与公民关系服务。他们还认为大数据是人们在大规模数据的基础上可以做到的事情，而这些事情在小规模的数据基础上是无法完成的。

　　IBM 组织对于大数据的定义则是根据大数据的特征进行诠释，它认为大数据具有"3V"特征，即数据量（volume）、种类（variety）和速度（velocity），故大数据是指容量难以估计、种类难以计数且增长速度非常快的数据。

　　国际数据公司（IDC）则在 IBM 的基础上，根据自己的研究，将"3V"发展为"4V"，认为大数据具有四方面的特征：数据规模巨大（volume），数据的类型多种多样（variety），数据的体系纷繁复杂（velocity），数据的价值难以估测（value）。所以 ibm 对大数据的定义为：大数据，指的是海量规模、类型多样、体系纷繁复杂且需要超出典型的数据库软件进行管理还能够给使用者带来巨大价值的数据集。

　　对关于大数据的定义进行梳理，我们可以发现，大多研究机构和学者对大数据的定义普遍从数据的规模量，以及对数据的处理方式出发，并且其数据的定义也多是从自身的研究视角出发的，因此人们对于大数据的定义可谓是仁者见仁，智者见智。

我们在参照了学术领域及各个研究机构和行业的基础上，将大数据定义为：大数据，指在信息爆炸时代所产生的巨量数据或海量数据，并由此引发的一系列技术及认知观念的变革。它不仅仅是一种数据分析、管理以及处理方式，也是一种知识发现的逻辑，通过将事物量化成数据，对事物进行数据化研究分析。大数据的客观性、可靠性，既是一种认识事物的新途径，又是一种创新发现的新方法。

三、大数据的特征

特征是对某一类事物区别于其他事物特性的抽象结果总结。对于大数据的特征的全面理解至少应从大数据的数据特征、技术特征以及其应用特征三方面进行。当前对于大数据的特征理解较为流行的是参照 IDC 的"4V"特征：数据类型（variety）、速度（velocity）、体量（volume）、数据价值（value）。我们在此参照当前的主流说法，按照"4V"特征来理解大数据，即大数据体量巨大（volume），数据种类繁多（variety），数据处理与流动速度快（velocity），数据价值密度低（value）。

（一）大数据体量巨大

当万物皆数变成万事皆数，我们的世界已逐渐被数据包围。按数据的储存对象来分可分为环境数据、医疗数据、金融数据、交通数据等。按照数据的结构进行划分，我们存储的数据除了结构化数据外，还包括各类非结构化数据（音像、方位、点击流量），半结构化数据（电子邮件、办公处理文档）等。衡量数据量的单位从 MB 转向 TB 再转向 PB，甚至逐渐地转向 ZB，以及今后会出现更高级别的数据量单位。人类社会的数据量巨大是大数据的基本属性。互联网、物联网、科学研究等源源不断产生的数据使得数据的规模呈现爆炸式的增长。

（二）大数据类型多样

数据类型多样、复杂多变是大数据的一个重要特性。多样性的大数据也正是大数据价值所在，多样化的数据类型和数据来源，为分析数据间相关性，挖掘数据间的价值提供了可能。

随着物联网、智能终端以及移动互联网的飞速发展，各类组织中的数据也变得更加复杂，因为它不仅包含传统的关系型数据，还包含来自网页、互联网日志文件（包括点击流数据）、搜索索引、社交媒体论坛、电子邮件、文档、主动和被动系统的传感器数据等原始、半结构化和非结构化数据。

数据格式的多样化与数据来源的多元化为人类处理这些数据带来了极大的不便。大数据时代所引领的数据处理技术，不仅为挖掘这些数据背后的巨大价值提供了方法，也为处理不同来源、不同格式的多元化数据提供了可能；以往的数据量尽管巨大，但以结构化数据为主。这种数据一般运用关系型数据库作为工具，通过计算机软件和设备很容易进行处理。结构化数据是将某一类事物的数据数字化以便于我们进行存储、计算、分析、管理。在某种情况下可以忽略一些细节，专注于选取有意义的资讯信息。处理这类数据，只需确定好数据的价值，设置好各个数据间的格式，构建起数据间的相互关系，进行保存即可，一般不需要进行更改。数据世界发展到目前，使得非结构化数据超越结构化数据，非结构化数据具有大小、内容、格式等结构不同，不能用一定的结构来进行框架搭建的特点，如我们在上网冲浪的过程中所看的电影视频、旅游过程中上传的照片、朋友圈发的说说、记录的微博等都是非结构化数据。人们日常工作中接触的文件、照片、视频都包含大量的数据，蕴含大量的信息。有机构进行的统计显示，在一个企业组织结构中，目前非结构化数据已占据了总数据量的 75% 以上，也有研究机构认为在 85% 以上。目前虽然在这方面还没有一个精准、权威的统计数据，但足以说明非结构数据的增长速度不容小觑。

（三）数据处理与流动速度快

如果将大数据的速度仅限定为数据的增长率的话就错了。这里的速度应动态地理解为对数据的处理速度与数据的流动速度。大数据对数据的处理要求为马工枚速，这也是大数据与传统数据处理的不同之处。

智能终端、物联网、移动互联网的普遍运用，个人所产生的数据，都会使数据呈现爆炸式的增长。新数据不断涌现，旧数据的快速消失，都对数据处理的要求提出了硬性的标准。只有做到对数据的处理速度跟上甚至是超越大数据的产生速度，才能使得大量的数据得到有效的利用，否则不断激增的数据不但不能为解决问题带来优势，反而成了快速解决问题的负担。在数据处理速度方面，有一个著名的"1秒定律"，即大数据下，很多情况下都必须在1秒钟或者瞬间形成结果，否则处理结果就是过时和无效的。对大数据要求快速、持续的实时处理，也是大数据与传统海量数据处理技术的关键差别之一。

此外，数据不是静止不动的，而是在移动互联网、设备中不断流动的，数据的流动消除了"数据孤岛"现象，通过数据如水一般在不同的存储平台之间自由流动，将数据在合理的环境下进行存储，使各类组织不仅能够存储数据，而且能够主动管理数据。但也应该看到，对于这样的数据，仍然需要得到有效的处理，才能避免其失去价值。

（四）数据价值密度低

数据采集的不及时、样本的不全面、数据的不连续、数据失真等问题都可能导致大数据的价值密度低，但数据的价值密度低还可能来源于对非结构化数据的处理。传统的结构化数据，尽管其样本量比较小，但是在对结构化数据的处理上，是对该事物的抽象，每一条数据大多包含了使用者需要的信息。在大数据时代下，尽管拥有海量的信息，但是真正可用的数据信息只有一小部分，对于数据的处理不需要归纳抽象，直接保持着数据的全貌，因此也保留了大量的无用甚至可能是错误的信息。因此，如果将大数据比喻为石油行业的话，那么在大数据时代，重要的不是如何进行炼油（分析数据），而是如何获得优质原油（优质元数据）。

以当前广泛应用的监控视频为例，在连续不间断监控过程中，大量的视频数据被存储下来，许多数据可能是无用的，对于某一特定的应用，比如获取犯罪嫌疑人的体貌特征，有效的视频数据可能仅仅只有一两秒，大量不相关的视频信息增加了获取这有效的一两秒数据的难度。

尽管数据价值密度低为我们带来很多不便，但应该注意的是，大数据的数据密度低是指相对于特定的应用，有效的信息相对于数据整体是偏少的，信息有效与否也是相对的，对于某些应用是无效的信息，对于另外一些应用则可能成为最关键的信息，数据的价值也是相对的，有时一条微不足道的细节数据可能造成巨大的影响。比如网络中的一条几十个字符的微博，就可能通过转发而快速扩散，导致相关的信息大量涌现，其价值不可估量。因此为了保证新产生的应用有足够的有效信息，通常必须保存所有数据，这样就使得一方面数据的绝对数量激增，另一方面数据量达到一定规模，可以通过更多的数据获得更真实全面的反馈。

思考题

1. 阐述云计算与大数据的基本定义。

2. 云计算的基本框架有哪几部分？

3. 狭义大数据与广义大数据的不同点有哪些？

4. 大数据的"大"体现在哪些方面？

第二章　云计算在制造业中的应用

导学：

某汽车模具公司成立于 21 世纪初，是集各类精密模具设计、制造与销售及五金加工于一体的高新科技企业，公司员工 500 多人，其中工程技术人员占 75%，2023 年销售收入 2 亿元，并且每年以 20% 的速度持续增长。用户包括一汽、奔驰、宝马等国内外客户。企业现处于成长阶段，模具订单多，企业发展受设备及管理的束缚，设备利用率低，产能不足，资源未经优化，同时企业的客户分布在国内外，涉及采购、销售、设计等多个流程，缺乏整体管理系统以打通各个环节、协同各个模块的工作。

为解决以上问题，公司计划建设汽车模具行业的智能制造云工厂，基本实现产品协同设计、协同制造，实现海外订单综合管理以及工厂全球可视化，解决海外业务的拓展与供应链管控问题，共同争取海外高端客户订单，建设智能制造云工厂，实现订单快速响应和车间智能制造，提升企业生产管控水平。

学习目标：

1. 了解制造云产生的背景和意义；

2. 掌握制造云的概念、分类及技术特征；

3. 熟悉制造云的具体应用，掌握我国制造云的发展概况及未来趋势。

第一节　制造云概述

一、制造云产生的背景

目前，以人工智能、大数据、云计算等为代表的新一代信息技术正在推动传统组织形式的改变，正引发一场新的工业革命。以德、美、日为首的制造业强国纷纷提出"工业 4.0 战略计划""先进制造业伙伴计划""超智能社会 5.0 战略"等。此外，其他各国也纷纷提出工业战略计划，旨在实现制造强国，抢占高端制造业。

我国制造业长期处于全球价值链的中低端，存在资源分布不均、孤岛化、闲置化现象等问题。为了抢占高端制造业，推动我国制造业转型升级，实现由制造大国向制造强国的跨越，我国相继出台《中国制造 2025》《国务院关于深化"互联网＋先进制造业"发展工业互联网的指导意见》等政策规划。与此同时，随着云计算、物联网、大数据、人工智能等信息技术和工业技术的发展，传统的以生产导向为主的发展模式逐渐演变为以用户为导向的发展模式，制造业开始由大规模生产模式向面向用户个性化服务模式转变。制造云的相关概念正是在此背景下相继被提出的。

二、制造云的意义

制造业是立国之本、兴国之器、强国之基。在建设中国特色社会主义的新时代，坚持走中国特色新型工业化道路，加快制造强国建设，加快发展先进制造业，对于实现中华民族伟大复兴的中国梦具有重要的意义。工业 4.0 时代，新一代信息技术与制造业的深度融合，使制造业生产方式、企业组织、产品模式、服务模式等都发生深刻的变化，形成新的生产方式、产业形态、商业模式和经济增长点。

制造云是新一代人工智能引领下的智能制造系统，其借助智能化新技术，构造以用户为中心的服务云，使用户可按需获取资源、产品与能力等服务。基于企业自身而言，制造云打通了制造业的全生命周期沟通渠道，有利于从源头优化制造，使得企业内数据信息流从研发设计到运营、维护、回收、报废形成闭环，便于企业及时优化研发设计，加快设备的优化迭代，大大降低成本，有效提高产品质量。此外，制造企业无需再投入高昂的成本以购买加工设备等资源，可以通过公共平台来购买制造能力，随时按需获取制造资源和能力服务，智慧地完成其制造全生命周期的活动。这种方式降低了对企业自身的软硬件的要求，便于企业将更多的资源投入研发工作，提升企业的核心竞争力，有利于企业的转型升级。

　　基于整个社会而言，制造云借用云计算的思想，以用户为中心，汇聚制造信息资源，根据用户需求为用户提供服务，不受地域、时间的限制。此外，以云计算为依托建立的共享制造资源的服务平台，实现了制造资源与服务的开放协作，减少了制造资源的浪费，实现了资源的高度共享。制造云的出现，将会有利于我国制造业从生产型转向服务型、从价值链的低端转向中高端，从制造大国转变成制造强国、从中国制造转向中国创造，有利于整个中国制造业的产业升级，促进区域经济的发展。

三、制造云的概念

（一）云制造1.0

　　云制造是一种利用网络和云制造服务平台，按用户需求组织网上制造资源（制造云），为用户提供各类按需制造服务的一种网络化制造新模式。云制造技术将现有网络化制造和服务技术同云计算、云安全、高性能计算、物联网等技术融合，实现各类制造资源（制造硬设备、计算系统、软件、模型、数据、知识等）统一的、集中的智能化管理和经营，为制造全生命周期过程提供可随时获取的、按需使用的、安全可靠的、优质经济的各类制造活动服务。

　　云制造主要面向制造业，把企业产品制造所需的软硬件制造资源整合至云制造服务中心，所有连接到此中心的用户均可向云制造中心提出产品设计、制造、试验、管理等制造全生命周期过程各类活动的业务请求。云制造服务平台将在云中进行高效能智能匹配、查找、推荐和执行服务，并透明地将各类制造资源以服务的方式提供给用户（其中必须加进一些物联网技术）。

（二）云制造2.0

　　云制造2.0，也称为智慧云制造，是一种智慧制造的模式和手段，除了智慧以外，还突出了云的概念和技术。智慧云制造是基于泛在网络，以人为中心，借助信息化的制造技术、新兴科学技术、智能科学技术以及制造应用领域技术四类技术深度融合的数字化、网络化、智能化技术手段，将制造资源与能力构成服务云池，使用户通过使用终端及制造云服务平台便能随时随地按需获取制造资源与能力，进而智慧地完成制造全生命周期的各类活动。具体来说智慧云制造由三部分组成，包括智慧制造的资源和能力、智慧制造云池、智慧制造全生命周期的应用，其核心就是知识和智慧。

云制造 2.0 在网络化、服务化的基础上，进一步突出了以人为中心，是一种随时随地按需求获取的个性化、社会化智慧制造模式；同时强调了智慧云制造环境里设计、生产、装备、经营管理、仿真实验和增值服务都得应需而变，智慧化的思维方式和技术创新也更多了，此外还在原来技术上增加了大数据、全生命周期的应用，因此它在应用上更广、更深。简单来说，智慧云制造是一种基于泛在网络，以用户为中心，人机融合，互联化、服务化、个性化（定制化）、柔性化的智慧制造新模式和新手段。它在制造模式、技术手段、支撑技术、应用等方面进一步发展了云制造 1.0。

（三）云制造 3.0

随着时代和有关技术的发展，以及新需求的不断产生，云制造的模式、手段、业态持续发展。与技术、新制造科学技术、新信息通信科学技术及新制造应用领域专业技术四类新技术深度融合的数字化、网络化、云化、智能化技术新工具，构成以用户为中心的统一经营的新智能制造资源、产品与能力的服务云（网）。云制造 3.0 使用户通过新智能终端及新智能制造服务平台随时随地按需获取新智能制造资源、产品与能力服务，对新制造全系统、全生命周期活动（产业链）中的人、机、物、环境、信息进行自主智能的感知、互联、协同、学习、分析、认知、决策、控制与执行，促使制造全系统及全生命周期活动中的人、技术 / 设备、管理、数据、材料、资金（六要素）及人流、技术流、管理流、数据流、物流、资金流（六流）集成优化；形成一种"用户为中心，人、机、物、环境、信息优化融合，互联化（协同化）、服务化、个性化（定制化）、柔性化、社会化、智能化"的智能制造新模式和"万物互联、智能引领、数据驱动、共享服务、跨界融合、万众创新"的新业态；进而高效、优质地完成制造全生命周期的各类活动，实现高效、优质、节省、绿色、柔性地制造产品和服务用户，提高企业（或集团）的市场竞争能力。

制造云 3.0 在云计算体系架构的基础上将服务组合进一步拓展，除了 IaaS、PaaS 和 SaaS，还加入了工业数据即服务（data as a service，DaaS）、工业能力即服务（capability as a service，CaaS）和工业协同即服务（cooperation as a service，COaaS），强调了工业数据与企业间协同在制造云中的重要作用。

四、制造云的分类及特征

（一）制造云的分类

1. 按照服务使用范围分类

按照服务对象范围和部署方式，制造云分为私有服务和公有服务，即私有制造云和公有制造云。

私有制造云指的是企业或者组织内部所建立的制造云私有服务平台，能够实现企业或组织内各种制造资源的共享与协同，降低企业或组织的各种制造活动的成本。私有云同时也分为内部私有云和外部私有云。内部私有云意味着企业需要搭建自己的数据中心，私密性高，但是需要承担建设等相关成本，而且在资源的可扩展性以及规模方面具有局限性。外部私有云通常在企业的外部部署，第三方机构承担管理的职责，将专用的云环境提供给企业，确保机密性及隐私安全。与内部私有云相比，外部私有云成本相对更低，对于业务规模的扩大来说更为方便。目前，神舟航天软件公司构建的科研协作型的云制造平台、一汽集团构建的生产物流协作型的云制造平台、航天二院构建的以设计和仿真为主线的云制造平台等，均是私有制造云的落地实践。

公有制造云通常借助面向社会化运营的、涵盖各行业门类的、支持多元化服务的制造云服务平台，形成制造云社区，促进区域内或行业内的中小企业制造资源和制造能力的共享与协同。公有制造云存在的问题主要包括缺少对云端资源的控制，数据的安全性无法保障，网络的匹配性以及性能不好等。但相较于私有制造云，公有制造云强调企业间制造资源和制造能力的整合，旨在提高整个社会制造资源和制造能力的使用率，促成制造资源和制造能力的交易。目前，我国的公有制造云平台已有中国模具云平台、中小企业云制造服务平台、国云在线等。

2. 按照服务复杂性分类

制造云服务的复杂性体现在是否具有跨越企业边界的信息交互功能和业务集成以及集成程度。按照服务复杂性，制造云可以分为简单制造云和复杂制造云。简单制造云是指提供简单的产品和零部件的交易或者租用以及简单的业务流程服务；复杂制造云是指提供具有交互功能的复杂的业务流程服务。

3. 按照应用虚实性分类

按照应用虚实性，制造云服务分为有形的实物服务和具有知识特性的信息系统服务。实物服务是指设备的有偿租用和买卖交易，信息系统服务是指软件系统租用以及信息系统的托管等。实物服务也可以伴随着信息系统服务同时被租用，如实物或半实物仿真系统的租用。

（二）制造云的技术特征

制造云的关键技术包括云计算技术、物联网技术、虚拟化技术、协同化技术等。与已有的信息化制造技术相比，制造云的典型技术特征可以概括为五点，即制造资源和能力的物联化、虚拟化、服务化、协同化、智能化，其综合体现为"智慧化制造技术特征"。

1. 物联化

先进制造模式实现的核心是制造全生命周期活动中人/组织、管理和技术的集成与优化。为此，制造云融合了物联网、信息物理融合系统等最新信息技术，提出要实现软硬制造资源和能力的全系统、全生命周期、全方位地及透彻地接入和感知，尤其关注硬制造资源和能力的接入和感知。

2. 虚拟化

制造资源和能力虚拟化指对制造资源和能力提供逻辑和抽象的表示与管理，它不受各种具体物理限制的约束。虚拟化还为资源和能力提供标准接口来接收输入和提供输出，虚拟化的对象可分为制造系统中涉及的制造硬设备、网络、软件、应用系统和能力等。

3. 服务化

制造云中汇集了大规模的制造资源和能力，基于这些资源和能力的虚拟化，通过服务化技术进行封装和组合，形成制造过程中所需的各类服务，如设计服务、仿真服务、生产加工服务、管理服务和集成服务等，其目的是为用户提供优质廉价、按需使用的服务。制造云能随时随地为制造企业按需提供各类服务，支持制造企业转型，增强企业的市场竞争能力。

4. 协同化

协同化是先进制造模式的典型特征，特别对复杂产品的制造而言协同尤为重要。制造云使制造资源和能力通过标准化、规范化、虚拟化、服务化及分布高效能计算等信息技术，形成彼此间可灵活互联、互相操作的模块。除了技术层面的协同化，制造云也为敏捷化虚拟企业组织的动态协同管理提供全面支撑，实现多主体按需动态构建虚拟企业组织，以及虚拟企业业务协同运作中的有机融合与无缝集成。

5. 智能化

知识和智能科学技术是支撑制造云服务系统运行的核心，制造云在汇集各种制造资源和能力的同时，也汇集了各种知识并构建了跨领域多学科知识库；并且随着制造云的持续演化，云中积累的知识规模也在不断扩大。知识及智能科学技术将为制造全生命周期的各环节、各层面提供系统的智能化支持。

第二节　制造云的应用案例

制造云已经被美国、欧盟、新西兰等国家和地区的学术界和产业界广泛研究应用。目前在我国，制造云模式也开始应用于制造行业，比如在航空航天、装备制造、汽车制造、模具加工、数控机床等行业进行了示范应用，均取得了不错的成果。这里选取了航天云网、树根互联、华为云等制造云平台的典型案例，分析制造云带来的新理念与模式。

一、航天云网

中国航天科工集团有限公司组建了航天云网科技发展有限责任公司（下称"航天云网公司"），打造了我国第一个工业互联网。航天云网公司是基于李伯虎院士团队提出的云制造的制造理念、模式、技术手段和业态，以"互联网＋智能制造"为发展方向，以提供覆盖产业链全过程和全要素的生产性服务为主线，构建适应互联网经济业态与新型工业体系的航天云网生态系统。以下为航天云网制造云平台应用的典型案例。

（一）金川智能化生产运行管控平台

随着"大、物、移、云"等 IT 技术的高速发展，各类企业管理信息系统正趋向集成化、平台化和社交化演变。传统单体式企业管理系统具有实施周期长、部署难度大、应用复杂、迭代困难等缺陷，难以完全满足企业长远发展的需求。广西金川有色金属有限公司（简称"广西金川公司"）前期已经对生产管理和能源管理实现了生产信息的采集与发布，但是为了完全实现工厂数字化、架构平台化、应用 App 化、管控智能化的目标，需要在原有系统的基础上建设一个基于 IaaS 部署、PaaS 平台支撑和 SaaS 应用的智能化生产运行管控平台，实现前期各个功能应用向基于微服务的架构迁移，便于企业未来信息化系统的横向扩展。

1. 建设内容

航天云网公司为广西金川公司建设的 IndPl@t 平台，是基于多组织架构的企业应用运行、基于模式化开发、基于 API 开放的系统集成以及统一管理的系统平台，是建立在 Java 语言所提供的强大兼容性基础上进行开发的。Java 的平台无关性使得 IndPl@t 可以运行在不同硬件平台及操作系统环境下。并且基于 PaaS 部署在 IndPl@t 平台上的 SaaS 各类应用软件，用户可用 PC 端浏览器和移动端 App 的方式进行访问，从而降低了用户目标系统的总体拥有成本。系统架构采用集中的云平台部署方案，在通过技术平台保障应用效率的同时，满足广西金川公司对垂直管理、实时监控、穿透查询的应用要求。

2. 实施效果

航天云网公司建设的适合广西金川公司特性的多用户信息管理平台，提高了经营管理等方面的综合管理水平，优化了企业的管理效率和决策能力，最终为企业增强整体竞争力、实现公司战略发展目标提供强有力的支撑。具体优化效果：实现数据的共享、传输、汇总以及分析，解决了广西金川公司内部各级之间的信息"孤岛"问题；促进公司各部门间横向和纵向沟通协作，提高了各部门工作效率；实时、准确地提供生产分析所必需的数据，加强了公司对车间运营状况的监控。

该项目实施后，广西金川公司实现了从过程控制级到生产执行级的集成优化，大大提高了生产组织水平，提升了员工素质，进一步增强了企业的技术实力和在国际市场上的综合竞争能力，并助推其在产能、质量、效益、能耗以及环保等要素方面的提升。

（二）船舶行业关键工业设备上云

作为国内知名的海洋装备集团公司，中船黄埔文冲船舶有限公司迫切需要在传承中发展其现代造船模式，新理念和方法的注入加快了其创新升级步伐。航天云网公司围绕中船公司产业结构调整、发展方式转型要求，力图打造"船舶云"平台，形成覆盖行业产业链的云应用集群，突破地域、组织、技术的界限，整合集聚、开放共享各类要素和资源，推动制造资源对接和优化配置，打通产业链上下游信息流、业务流与资金流，推动产业链协同创新和生态化发展，支撑中船公司未来商业模式与产业模式的创新发展。

1. 建设内容

项目搭建高可靠性的 IaaS 平台与 PaaS 平台，以实现与边缘层数据的对接；部署设备监控软件，以实现对切割机、动能源等设备的智能化监控。结合设备历史数据与实时运行数据，构建数字孪生，及时监控设备运行状态，实现设备预测性维护。基于现场能耗数据的采集与分析，对设备、产线、场景能效使用进行合理规划，提高能源使用效率，实现节能减排。

边缘层由动能源监控系统以及数控切割机监控系统组成，两套系统分别获取了能源数据及核心机加工设备数据，连接终端设备与云，提供实时计算、远程控制、数据缓冲、数据解析和初步分析等功能，包含边缘传感器、控制器、网关和边缘服务器相关产品和面向各个领域场景的解决方案。

IaaS 层以 OpenStack 为核心构建，提供完善的云基础设施服务能力，涵盖计算、存储、网络、安全等七大 IaaS 服务。

通用 PaaS 层采用"Kubernetes+Docker"技术路线，为用户提供基于容器的应用软件开发和运行时所需的支撑环境，包括数据库、应用支撑、软件开发、微服务管理、大数据和物联网等云化服务。

工业与通用 PaaS 层构建面向船舶行业的工业大脑，提供以数据为核心的工业机理模型资源池、微服务组件资源池、工业数据资源池以及建模工具、算法工具、数据治理工具等工具库。

应用层通过与 PaaS 层的对接实现数据的展示和分析，在各子系统呈现应用的功能，实现数据的真实转换和利用，通过物联应用（Web 应用和移动端应用），提供实时监控、故障报警等服务。

2. 实施效果

通过项目实施，云平台保证了物联应用对设备性能的分析，并结合企业生产经营状况，合理推荐适合生产特定产品的设备，实现了设备及产品的最大优化。这种优化不仅给船厂节省了前期投入，还能通过产品的品质提升创造更大的经济价值，提升企业生产经济效益。

（三）模具制造行业柔性化云端生产协同制造

目前模具制造企业普遍面临现有生产模式无法满足全球化用户的个性化定制需求、全球化外协外购供应链协同困难、产品研制生产周期长、制造工艺流程复杂、质量要求高等问题。这些问题急需解决。

1. 建设内容

模具制造企业依托航天云网 INDICS 平台，建立柔性化云端生产协同制造系统，实现以下内容：

第一，实现 INDICS 平台 CRP、CPDM、CMOM 与企业 PLM、ERP、MES 系统集成，构建数字化集成企业。

第二，基于 INDICS，实施云端资源计划，实现从 INDICS 平台接收订单需求，生成销售订单，打通客户、供应商之间的信息通路，连接全球化终端用户、标准件供应商及当地外协商，实现信息在客户—企业—供应商之间的交互。

第三，结合工业以太网，形成以 MES 为核心上连 EIM 和云平台，下接CNC 控制单元、AGV 控制单元、机器人控制单元的智能工厂控制系统，实现数据驱动的网络化智能化柔性生产模式。

第四，关键设备接入 INDICS 平台，工业物联网网关采集运行数据，实现关键设备远程运行维护和预测性维护；装配产线接入 INDICS 平台，采集产线生产运营数据，实现工艺优化和质量优化。

2. 实施效果

该系统提升了企业智能制造水平，实现了设备互联、数据采集、过程管控等可视化，使企业产品研发设计周期和工艺设计周期缩短、设备利用率提高、车间用工数减少、生产计划完成率和准时率提高及资源调配效率提高。帮助模具制造企业转型升级，促进进出口贸易，加强模具产业链上下游企业之间的资源共享、协同协作。

航天云网平台在制造企业的研发、设计、制造、运营等领域实现了一定规模的需求和应用。航天云网产品贯穿生产活动的各个环节，具有较强的平台应用、服务、基础设施、资源接入和安全保障能力，解决方案涵盖轻工业、汽车行业、机械制造、能源电力等，已建成长三角、珠三角、京津冀等制造云产业集群生态，为制造企业的数字化、智能化转型提供了全面支撑。

二、树根互联

树根互联股份有限公司（简称"树根互联"）是国内首批通过工业互联网平台可信服务评估认证的企业之一，同时也是首家入选 Gartner IoT 魔力象限的中国工业互联网平台企业。树根互联紧贴工业企业转型需求，依托"平台型工业操作系统"——根云平台，在智能研发、智能制造、智能营销、智能服务、智能运营和模式创新等方面，提供了"透明工厂""质量智能检测""离散制造业智能售后服务"等一系列解决方案，为工业企业全价值链转型提供服务。目前，平台已经接入各类工业设备，打造了包括工程机械、混凝土、环保、铸造、塑料模具、纺织、定制家居等多个行业在内的相关云平台。

（一）树根互联助力光伏产业链发展

1. 业务痛点

随着自动化和信息化的大范围应用，中国电子科技集团公司第 48 研究所（简称"中电 48 所"）作为光伏装备行业的骨干企业，不仅打造出国内第一个以国产装备为主的 500MW 高效电池数字化制造车间并实现量产，还构建起了 1 000MW 完整太阳能光伏产业链。但随着降本增效目标的不断提升，潜在的问题也日益凸显：第一，数据分散、条块分割，企业间无法互联互通；第二，数据整合度低、共享度低；第三，缺乏协同生产和突发事件快速响应的能力；第四，缺乏多组织协同制造支撑环境。

2. 解决方案

中电 48 所牵手树根互联打造光伏装备全产业链工业互联网平台，通过对中电 48 所光伏电池、组件等制造车间进行数字化、网络化改造，实现智能化可视化生产管控。该平台以"根云"工业互联网平台为基础，结合光伏产业自身特点，构建起打通产业链上下游各个环节的四大功能版块。四大功能版块包括：网络协同制造版块、智能生产管控版块、生产筹备监管版块、远程运维版块。

（1）网络协同制造版块。

通过平台将光伏产业链上游原材料供应商，与中电 48 所的信息汇总、分析、生成报表，拉通供需，实现全产业链供需互通与共享，并通过统一的大数据平台和战情室，实时监控光伏装备业务经营情况，进行统一调度，实现协同生产。

（2）智能生产管控版块。

通过对中电 48 所光伏电池、组件等制造车间进行数字化、网络化改造，对光伏电池、组件制造过程的关键工序，如原料硅片、扩散工艺、电池片等的生产过程进行在线无损检测，监控产品的制造质量。同时，通过平台集成 ERP、MES、SCADA 等信息化管理系统，实现智能化可视化生产管控。

（3）生产设备监管版块。

以设备为中心，建立基于生产设备的 360° 视图，实现对设备健康运行的全方位掌控，提升对生产制造车间设备管理的精细化能力。

（4）远程运维版块。

依托工业互联网平台对已经投入运营的光伏电站进行统一远程实时监测、运行管理和资产管理等，同时对故障信息进行远程分析和诊断，最大限度挖掘发电潜力，提高效益。

3. 实施效果

经过不断的实践积累，平台实现了 2 000 多台光伏设备、1 000 多个光伏电站系统的物联接入，覆盖了湖南省60%以上的光伏装备产业链相关企业，同时打通了企业端不同系统的"信息孤岛"，构建起覆盖光伏新能源领域"装备—电池片—组件"的互联工厂。通过远程运维，在提升应用端的发电效益的同时，还降低了10%以上的运维成本，基于全产业链连通的各类数据所提供的差异化增值服务，更为光伏企业单纯依靠厂内降本增效获得利润的环境中，开拓了更多的可能。

（二）上汽通用利用树根图谱应用案例

汽车制造是自动化程度最高的行业之一，被誉为一国制造业的标杆，其生产过程中所涉及的新技术范围之广、数量之多，是其他行业难以相比的。这些新技术的应用，在不断提升汽车生产效率的同时，也令汽车制造工艺和设备越来越复杂，故障出现的概率不断增加。

上汽通用汽车有限公司（下称"上汽通用"）作为我国汽车工业的重要领军企业之一，拥有别克、雪佛兰、凯迪拉克3个品牌20多个系列，覆盖了从高端豪华车到经济型轿车的各梯度市场以及MPV、SUV、混合动力和电动车等细分市场，作为中国汽车行业智能制造的引领者，目前在浦东金桥、烟台东岳、沈阳北盛和武汉分公司拥有四大生产基地。随着产品技术升级，大量高精度、智能化设备运用于生产现场，在带来产品质量控制和制造效率显著提升等亮点的同时，也带来维护保养的难度升级问题。快速准确定位生产系统问题原因以及提升问题解决效率，成为车企智能制造转型中不可或缺的一环。

上汽通用与树根互联合作，共同探索工业互联网在工艺诊断中的应用。实现工艺诊断，不仅需要掌握生产的静态数据和动态数据，包括历史故障与维修数据、实时工况数据等，还需要故障诊断知识库的支撑，包括故障类型、现象、原因、相关要素、恢复应对措施等，这样才能在异常情况发生时，及时做出判断，快速定位问题成因，准确得出解决方案，尽早解决故障。

通过不断努力，双方倾力打造出基于知识图谱技术的工艺诊断专家系统：搭建统一的专家知识库系统，持续积累生产过程中出现的生产问题及与之对应的问题解决办法；建立友好的用户诊断界面，快速定位问题潜在机理；建立持续的反馈机制，不断优化推理决策结果；建立知识库管理系统，方便管理者对现有工艺专家知识库做有效管理。该系统利用知识图谱技术将各种故障相关数据进行处理加工，在数据间建立关联，并结合自然语言解析、深度学习等技术手段，沉淀为专家知识；接着，通过对问题的描述来匹配失效形式，并在专家制定的排查顺序指导下进行问题排查，快速定位设备故障原因，参考标准的解决办法，妥善解决故障，让数据触发真正的价值。

基于知识图谱技术的工艺诊断专家系统在上汽通用相关生产车间上线以后，实现了专家知识的统一转化和存储，建立起了各种特征数据、症状、异常现象与各类故障、原因以及应对措施的语义和逻辑关联关系，再结合毫秒级工况数据进行分析，利用知识图谱进行关联搜索和逻辑推理，实现了问题的快速精准定位和获得解决方案；彻底改变 Excel 记录、再逐层反馈的问题解决流程，提升了工程师整体问题解决能力，打通问题解决过程记录、事后总结环节，保证问题解决的准确性和及时性。

（三）起重机智能监控运维大数据云平台

河南云信电子科技有限公司（下称"云信电子"）是长垣起重机产业集群中的重要一员，今起重机市场进入存量时代，整个产业链都面临着转型升级的挑战，云信电子也不例外。如云信电子与树根互联合作，共同探索工业互联网在起重机械领域的应用。通过不断努力，基于根云平台，双方倾力打造出"端到端"的专属起重机智能监控运维大数据云平台（简称"起重机智能云平台"）。

依托起重机智能云平台，云信电子的起重机管理解决方案得以全面升级，涵盖了起重设备全生命周期的"端到端"的数字化、可视化管理。在设备安装调试期间，云运维有效提高了 50% 以上的调试效率。在设备使用期间，统一的设备云运维平台以及全世界范围内的监控知识与监控数据共享，实现了起重设备的预防性维护、实时跟进、动态管理，非预测性停机降低 20% 以上，安全事故发生概率降低 80% 以上，极大地提升了起重机有效工作效率和稳定性。在设备淘汰期间，依靠起重设备大数据分析系统，对于即将淘汰的起重设备实现提前预警，在最大化发挥设备使用价值的同时，为企业保证正常生产的前提下更换设备预留了充足时间。

起重机智能云平台不仅贯穿了设备使用寿命的全过程，更重要的是开启了起重机后市场的掘金模式。在树根互联智能售后管理系统（iFSM）的支持下，起重机智能云平台可有效联合产业链上下游服务商，为终端用户提供在线、远程和现场的全方位服务支持：可随时随地查看设备运行状态，结合历史故障参数，完成远程诊断；对于疑难问题，还可在线精准指导客户工程师进行处理，有效避免现场设备停机误工，故障处理时间减少了40%。大量知识图谱相关技术的积累以及依托数十万工业设备的维修工单数据，为打造数据诊断模型提供了坚实的基础。

故障一次性修复概率提高到56%，差旅成本节省了51%，为起重机智能云平台的使用企业带来显著的后市场经济效益。通过大数据分析和故障预测系统的实时设备故障监控，在客户的设备发生故障的第一时间，起重机智能云平台的使用企业就可获取故障信息，及时有针对性地进行配件的备件与销售；通过分析客户开工率和开工时长来判断客户的经营状况，利用数据报表来判断客户以及同类型客户的未来时长需求。起重机智能云平台的使用企业还可及时有针对性地调整销售策略，有效提升盈利能力。起重机智能云平台不仅有效降低了企业的保内售后成本，还增加了保外售后市场配件的销售量，提升了起重机后市场的利润贡献率；同时，随着售后服务持续改进，客户黏性不断增强，平均市场销售额可增加至少5%。

三、华为云

"中国制造2025"提出大力推进由制造大国向制造强国的转变，云计算、大数据、人工智能等的兴起，正推动着制造业数字化和智能化的转型。华为云结合自身制造领域的数字化经验与实践，帮助制造行业客户优化生产方式、提高整个价值链的运营效率，体现出智能化生产、网络化协同、个性化定制、服务化转型的特点。目前，华为云服务范围遍布170多个国家和地区，拥有超过7 000个的合作伙伴，已上线超过180个的云服务。以下为华为制造云的典型应用案例。

（一）云仿真

云仿真是华为云依托自身强大的芯片研发和系统架构创新能力，结合云计算业务优势进行高性能计算平台优化，帮助制造企业加速产品开发和上市而提出的一种解决方案。

1. 业务挑战

消费市场对产品性能要求不断提高，基于 CAE 的结构强度，仿真能实现零部件工艺分析、评估，但对计算平台性能要求高，因此面临着不小的挑战。具体体现在：高性能计算机（HPC）资源上线周期长，难以满足产品快速开发和上市的需求，影响产品发布和市场拓展；本地 HPC 资源可预测性难度大，通常按业务峰值来建设，导致初期投资成本高、日常资源利用率低下；本地 HPC 硬件设备老化使得计算性能大大降低，难以应对业务开发对算力的需求，产品上市周期加长；HPC 软硬件设备和机房需要专业人员进行维护，对运维管理人员的专业能力和数量要求都很高，维护工作量较大。

2. 云仿真架构

华为云搭建的云仿真架构，将仿真工具、仿真调度平台等部署在云端，提供分钟级虚拟机、裸机自动发放能力、集群自动创建能力以及多种 HPC 应用模板，助力 HPC 业务的快速上线及扩容。另外，提供最新高频 CPU 虚机 / 裸金属服务、低时延 100GB IB 网络以及 2TB/s 的 Lustre 文件系统，用户可通过 Web 页面登录仿真平台提交和管理仿真任务，快速获得弹性、可靠、安全的仿真服务，极大提升业务开发效率。云仿真架构还支持热传导、三维多体接触、弹塑性等力学性能的分析计算以及结构性能的优化设计，使用的是一种近似数值分析方法。

它通过 BYOL（bring your own license）模式将自有的软件许可灵活部署在华为云上，优化用户体验。通过调试优化，华为合作伙伴的仿真应用可在华为云上顺畅运行，并获得高性能应用架构的支持。另外，华为云还具有公有云和私有云之间跨云作业调度能力，本地资源中作业排队严重时，可在公有云上弹性按需自动创建集群，解决作业溢出问题，并支持容灾能力，保证业务连续性。

3. 具体应用案例

东江集团是全球领先的一站式注塑解决方案供应商，为满足企业交付周期的需求，东江集团采用华为云 FusionPlant 平台进行模具仿真，实现仿真计算资源统一调度，大幅提升模具仿真效率：在简单模型仿真时，效率提升约16.7%，由过去的 12 小时减少至当下的 10 小时；在复杂模型仿真时，效率提升约97.6%，由过去的 123 小时减少至当下的 3 小时。

（二）云 MES

基于华为云服务能力，华为联合业界先进 MES 服务商，为制造企业提供异地协同、快速部署、安全可靠的解决方案，助力企业降本增效。云 MES 具有平台化、模块化、共享化特点，可打破信息孤岛并提升整体效率。

1. 业务挑战

传统制造业面临着不小的业务挑战，主要体现在：缺乏专业管理系统，导致企业生产管理效率低；无法获取实时信息，引起信息断层，资源无法高效利用；生产计划、生产状态、排产管理、监控、决策等业务信息缺乏统一的跨区域的监管平台，难以实现工作高效协同；传统业务上线周期长，无法满足业务快速上线要求等。

2. 云 MES 方案架构

云 MES 提供了包括 IaaS、PaaS、人工智能等在内的云服务，同时提供MES 应用云迁移咨询与实施等服务，还面向各地分支机构用户提供了低时延网络接入服务。MES 组件、数据库等部署在云端，信息终端采用云桌面，信息交换在数据中心内部高速完成。云服务即开即用，实现自动化部署和运维，企业只需要注册账号即可轻松使用 MES 服务。此外，云 MES 基于华为自身制造企业信息安全实践经验，从数据中心、云服务、数据安全、运维安全等层面提供全面保障。云 MES 方案架构体现了整体服务、异地协同、简化部署、安全可靠的特点，提供了高效、协同、可视化的智慧生产管控服务，实现产品制造全生命周期的整体信息化管理，降低了生产成本，增强了企业竞争力。

3. 具体应用案例

东拓斯达科技股份有限公司（简称"拓斯达"）是一家创业板上市的智能制造综合服务商，专注于以工业机器人为代表的智能装备的研发、制造、销售。

拓斯达 SAP[①] 上云是华为云首个制造企业 SAP 上云项目。SAP 上云以后，通过集成的财务、生产、人力、生产运维等管理流程，为智能制造提供了丰富的决策信息，并全面打通了公司价值链上下游业务的数据关联，降低业务风险，促进企业向高效、精益、智能转型。此外，拓斯达利用云 MES 实现的厂线自动排产报工，让生产效率得到提高；通过在制造执行系统 MES 全面执行设备数据采集，结合供应链、财务、客户管理、售后服务等系统，做出相应的分析和处理，对制造流程、业务流程进行同步优化，以即时数据洞察为企业管理提供实时、准确、可靠的生产数据，提升了企业在智能制造时代下的核心竞争力。

（三）水泥行业解决方案

1. 业务挑战

目前，多个水泥企业面临产能严重过剩、资源和能源利用率低、安全环保压力大等问题，整个水泥行业也面临着不小的业务挑战，比如 OT[②] 数据采集难，无法发挥数据价值；数据标准不统一，无法融合分析；行业能耗高，节能降耗压力大；缺乏统一信息化架构，集团管控能力弱等。

2. 解决方案

华为云利用大数据、人工智能、云计算等技术构建具有竞争力的水泥行业解决方案，推动水泥企业加快数字化转型，向着生产智能化、业务协同化、运营数字化迈进。如窑磨优化解决方案采用了边云协同技术，基于历史数据在云上进行模型训练，在客户本地生产管理系统进行参数调优和效果验证，全局智能实时优化控制，实现指标精准预测，达到降低能耗、稳定质量的目标。

3. 具体应用案例

华新水泥是中国水泥行业的鼻祖，业务涵盖水泥、混凝土、装备制造等领域，为了应对企业转型带来的挑战，华新水泥携手华为云，进行了数字化转型。对于华新水泥来说，其碰到最大的困难就是统筹管理国内外众多工厂。而将 SAP、CRM、生产发货等核心系统迁移上云便是华新实现两个"智能化"的基础。

---

① SAP，为"System Applications and Products"的简称，是 SAP 公司的产品——企业管理解决方案的软件名称。
② OT（operation transformation，操作转换），协同技术中用来保持不同的数据副本一致性的一种方法。

核心系统迁移到华为云上后，华新水泥与子公司、各个业务系统之间的协同效率大为提升。企业资源利用率不断提高，成本也逐步降低，运行维护可靠性稳步提升。企业上云后每年的运行维护成本至少节约30%，机房设备、网络专线、维保以及用电费用可节约近300万元。另外，过去机房的数据中心（二级网络资质）转变为华为云（一级网络资质），企业的网络效率也得到了提升。此外，企业上云后可直接通过互联网移动化办公，满足了移动化办公场景需求。

临安云制造小镇，成功打造"一轴一脉两区"众创空间

浙江临安把"云制造小镇"建设作为发展智能装备制造、打造众创空间、加快发展信息经济的重要载体，按照"产城融合、产学研联盟、生活创业互动"发展思路，依托杭叉、杭氧、万马、西子电梯等智能装备产业龙头企业的集聚优势和香港大学浙江研究院等46家院所的科研力量，重点围绕智慧医疗、节能环保、物流交通智能装备产业，主攻研发、创意设计、品牌营销等价值链高端，同时加快网络信息、生物医药等新兴产业培育发展，打造智能装备研发制造创新基地和科技型中小企业创业孵化基地。

一、围绕"两区"建设，聚焦智能装备产业

临安云制造小镇位于青山湖科技城，总体规划3.17平方千米，形成"一轴一脉两区"的总体布局。其中"一轴"即大园路创新发展轴，"一脉"即苕溪绿色水脉景观走廊，"两区"即云制造小镇建设核心区——众创空间和智能装备提升区。其中众创空间面积1 364亩（一亩≈666.67平方米），包括创客工场、众创服务中心、创智天地、科技创意园等创业创新平台，重点建设智能光影检测设备产业园、工业自动化控制设备产业基地、华通云数据青山湖云计算基地、腾讯创意创业产业园、生物医药食品检测设备生产基地等项目。

智能装备提升区重点建设智能物流装备产业园、高端成套设备产业园、信息基础设施产业园等重点装备制造产业智能化提升改造项目。重点项目包括年产5万台电动叉车、电梯部件产业化、煤化工用特大型空分装置国产化、高性能铅炭启停电池研发及产业化、新增年产450km温水交联电缆生产线自动化技术改造等，总投资21.4亿元。

同时，云制造小镇建立了开放创新服务平台，通过交易平台实现技术转让，为创新创业团队提供任何产业链环节的服务解决方案，有效促进生产资源的高效利用，为实现协同、敏捷、绿色、智能化生产提供创新服务。杭州青山湖高新技术产业园区管理委员会强调，云制造小镇将以"云制造技术研发平台""云制造创新服务平台""云制造企业孵化平台""云数据存储服务平台"和"云技术应用示范平台"这"五朵云"来服务入驻的企业。

除此之外，小镇以北还规划有拓展区，将建设院所创新基地、大学生创意园、大师工坊创新学院、创客新车间、艺术工坊、创意街等不同等级和类型的产业孵化平台，同时配套建设狮山开放交流区进行创客之间的相互交流，建设旅游、文化公园等服务设施以及创客部落，充分展示云制造小镇人文特色、生态山水人居和生态办公环境。

二、弘扬吴越文化精髓，塑造创客文化精神

云制造小镇将传承和弘扬吴越文化精髓，极力塑造"鼓励创新、宽容失败"的创客文化和精神。小镇将继续承办由中国科学技术发展战略研究院主办的青山湖科技创新论坛，该论坛已在青山湖科技城连续举行两届，是国内首个以创客创业创新"三创融合"为主题的论坛。云制造小镇将大力培育和弘扬智造创意文化，在核心区内建设创业一条街，开设茶吧、咖啡吧、创客沙龙等形式的创客交流空间，促进创客创意与创业资本不断碰撞火花。同时，云制造小镇将深入挖掘传统民风民俗文化，融合新科技和工业设计体验文化，着力打造江南特色文化小镇。

三、打造绿色众创空间，迸发创意灵感源泉

青山湖科技城得天独厚的山水环境和云制造小镇智能装备研发设计产业将吸引更多旅游群体体验山水文化和工业设计。云制造小镇已建成20万平方米滨河公园，茗溪古船埠、渔人码头、凭廊揽翠、家训书智以及休闲购物街等休闲旅游景点使创客群体置身其间在放松身心的同时迸发创意灵感。规划建设中的狮山公园，将成为云制造小镇又一独具特色的自然、人文景点。规划展览馆兼具科技体验和规划展示功能，年接待参观人员已有数万人次。小镇拓展区还将规划建设休闲运动基地、足球学校等，打造高端人士旅游休闲的理想之地。

临安云制造小镇建成后，将成为中国首个以智能装备产业为特色的创客天堂、文化小镇，成为长三角智造创意基地、浙江智能装备产业高地、杭州创客汇集的嘉年华和创新创业的文化小镇。

第三节　制造云的发展趋势

一、制造云发展历程及市场规模

我国工程院院士李伯虎等人最先提出"云制造"概念，这一概念提出后得到理论界和制造业界的广泛关注。2010—2013 年，欧盟拨款启动两项制造云研究项目，美国微软公司、新西兰的奥克兰大学等研究机构也开展了对制造云的研究。随后，2013—2016 年，我国工信部深入实施"工业云创新行动计划"，持续探索工业云创新应用，推动发展制造云。2016 年以来，工信部利用工业转型升级专项资金支持工业云公共服务平台建设，高度重视制造云的发展。

制造云大大降低了企业的生产成本，提高了生产效率，代表着未来工业发展的方向。智研咨询发布的《2021—2027 年中国云制造行业市场运行格局及投资前景分析报告》显示：目前，制造云已经在国内外产生了较大的影响力。近年来，在政府和产业的双重驱动下，制造云产业呈高速发展状态，对制造业的产业发展和分工格局带来深刻影响。2020 年全球制造云市场规模大约为 569.2 亿美元，同比增长 20.1%；2020 年中国制造云产业市场规模约为 1 496.5 亿元，同比增长 26.5%；2023 年中国制造云产业市场规模约为 1 875.6 亿元，同比增长 25.7%。

二、制造云发展面临的问题

制造云为制造业信息化提供了一种崭新的理念与模式，随着制造云的技术逐渐成熟，企业上云的趋势也日益明朗，围绕制造云的产业链合作及发展云生态已经成为行业重要趋势。未来，云计算将无处不在，同时也将不知不觉地"渗透"到企业信息技术应用的各个方面。但是，制造云的发展还面临着一些问题。

（一）云安全问题

有信息传输的地方就存在安全问题，云安全问题就是云计算环境下面临的安全问题。一方面，制造云面临着传统环境下的安全问题，比如数据泄露、数据篡改、漏洞攻击等；另一方面，制造云还面临着不断涌现的新安全问题，比如云上安全部署困难的问题，因云计算打破了传统 IT 环境的网络边界，用户的业务部署在云上，传统的硬件盒子已经无法部署到用户的虚拟网络中，满足不了用户的云上安全需求。另外，云上每个用户的业务千差万别，安全需求各不相同，传统环境下的防护模式已经不适用于云计算环境，但若每一种安全服务都进行单独运维管理，则会给日常的安全运营工作带来极大的挑战。

（二）制造资源协同问题

制造云背景下协同制造资源配置的主体由三方构成，分别是制造需求企业、协同制造企业以及云服务平台运营方。制造云服务提供方为制造任务配置合理的制造资源或提供合理的制造资源组合的过程即云制造的制造资源优化配置。但是如何实现制造资源协同存在不少困难，比如要实现资源共享，首先需要实现对制造资源和能力的准确描述，并评估制造服务的各种属性，从而建立动态可靠的服务机制，然而目前仍缺乏标准的口径。除此之外，明确协同制造资源的配置流程，确定优化配置的主体及其主要优化目标，实现整个资源配置最优选择仍然是突出问题。

（三）云应用集成和服务迁移问题

集团型制造企业往往拥有众多的信息化系统，如 ERP、OA、MES、CAD 等，对于云应用，实现这些业务系统的集成仍存在着较大的困难，且易引发异构系统集成的问题。目前，大部分解决方案提供商只能提供部分或少数几种业务系统，而且不同厂商之间的云服务系统无法实现集成。另外，云服务平台提供的服务可能大同小异，当客户需要替换平台服务时，则面临着迁移难题。因为各家云服务平台发展不一，这种服务迁移往往不容易被实现。

三、制造云发展趋势及建议

作为一种新的生产模式，制造云的出现不仅能够实现资源跨地区、跨空间的大规模配置，满足各种制造任务需求，其专业化的平台还可以帮助资源和制造企业进行匹配和检索。发展制造云可以促进智能制造业实现由技术跟随战略向自主开发战略转变再向技术超越战略转变，由传统制造向数字化网络化智能化制造转变，由粗放型制造向质量效益型制造转变，由资源消耗型、环境污染型制造向绿色制造转变，由生产型制造向"生产＋服务"型制造转变。制造云为制造业信息化提供了一种崭新的理念与模式，未来云制造将向着集成化、智能化方向发展。

制造云的发展，还需要云计算、物联网、高性能计算、嵌入式系统等各种技术的支持，以应对制造资源云端化、制造云管理引擎、制造云应用协同等一系列复杂关键技术的挑战。在技术方面，制造云需深化与应用有关的技术，特别是加强为"产品用户"服务的有关技术，应制定相关技术标准、评估指标体系以及相应安全管理规范。在产业化方面，加强制造云集群生态建设并促进制造云工具集中平台的工程化、产业化。要重视建立自主可控的智慧制造云系统，建立多层次的创新体系。在创新体系方面，加强知识、技术、产业等创新体系建设，着力培养制造云领域的领军人物和复合型人才。在落地实施方面，重视全生命周期活动中的人／组织、经营管理、设备／技术及信息流、物流、资金流、知识流、服务流集成优化。

制造云是一个战略性的系统工程，它的发展将是一个长期的阶段性的渐进过程。在这个过程中，要看到制造云带来的崭新的商业模式和完善的管理运行技术，更要看到未来发展将面临的各种问题，并在挑战中摸索前进，加快实现我国制造业迈入"云制造"时代的进程。

四、工业互联网创新发展行动计划

（一）总体要求

以习近平新时代中国特色社会主义思想为指导，深入贯彻党的精神，坚持新发展理念，坚持以深化供给侧结构性改革为主线，以支撑制造强国和网络强国建设为目标，顺应新一轮科技革命和产业变革大势，统筹工业互联网发展和安全，提升新型基础设施支撑服务能力，拓展融合创新应用，深化商用密码应用，增强安全保障能力，壮大技术产业创新生态，实现工业互联网整体发展阶段性跃升，推动经济社会数字化转型和高质量发展。

融合应用成效进一步彰显。智能化制造、网络化协同、个性化定制、服务化延伸、数字化管理等新模式新业态广泛普及。重点企业生产效率提高 20% 以上，新模式应用普及率达到 30%，制造业数字化、网络化、智能化发展基础更加坚实，提质、增效、降本、绿色、安全发展成效不断提升。

技术创新能力进一步提升。工业互联网基础创新能力显著提升，网络、标识、平台、安全等领域一批关键技术实现产业化突破，工业芯片、工业软件、工业控制系统等供给能力明显增强，基本建立统一、融合、开放的工业互联网标准体系，关键领域标准研制取得突破。

产业发展生态进一步健全。培育发展 40 个以上主营业务收入超 10 亿元的创新型领军企业，形成 1 ～ 2 家具有国际影响力的龙头企业。培育 5 个国家级工业互联网产业示范基地，促进产业链供应链现代化水平提升。

安全保障能力进一步增强。工业互联网企业网络安全分类分级管理有效实施，聚焦重点工业领域打造 200 家贯标示范企业和 100 个优秀解决方案。培育一批综合实力强的安全服务龙头企业，打造一批工业互联网安全创新示范园区。基本建成覆盖全网、多方联动、运行高效的工业互联网安全技术监测服务体系。

（二）重点任务

1. 加快工业设备网络化改造

支持工业企业对工业现场"哑设备"进行网络互联能力改造，支撑多元工业数据采集。提升异构工业网络互通能力，推动工业设备跨协议互通。研制异构网络信息互操作标准，建立多层级网络信息模型体系，实现跨系统的互操作。

2. 推进企业内网升级

支持工业企业运用新型网络技术和先进适用技术改造建设企业内网，探索在既有系统上叠加部署新网络、新系统，推动信息技术（IT）网络与生产控制（OT）网络融合，建设工业互联网园区网络。

3. 开展企业外网建设

推动基础电信企业提供高性能、高可靠、高灵活、高安全的网络服务。探索云网融合、确定性网络、IPv6 分段路由（SRv6）等新技术部署。推动工业企业、工业互联网平台、标识解析节点、安全设施等接入高质量外网。探索建设工业互联网交换中心，研究互联互通新机制。

4. 深化"5G+ 工业互联网"

支持工业企业建设 5G 全连接工厂，推动 5G 应用从外围辅助环节向核心生产环节渗透，加快典型场景推广。探索 5G 专网建设及运营模式，规划 5G 工业互联网专用频率，开展工业 5G 专网试点。建设公共服务平台，提供 5G 网络化改造、应用孵化、测试验证等服务。

5. 构建工业互联网网络地图

打造覆盖全国各地市和重点工业门类的工业互联网网络公共服务能力，构建工业互联网网络建设、运行、应用的全景视图，为建网、用网、管网提供全面支撑服务。

6. 完善标识解析体系建设

实施《工业互联网标识管理办法》，建立标识编码分配协调机制。提升国家顶级节点服务能力。引导建设运营标识解析二级节点和递归节点。建设兼容开放、服务全球的标识解析服务系统，推动标识解析与区块链、大数据等技术融合创新，提升数据综合服务能力，增强对域名等网络基础资源的支撑能力。

7. 加速标识规模应用推广

深化标识在设计、生产、服务等环节的应用，推动标识解析系统与工业互联网平台、工业 App 等融合发展。加快解析服务在各行业规模应用，促进跨企业数据交换，提升产品全生命周期追溯和质量管理水平。加快主动标识载体规模化部署，推进工业设备和产品标识的加注。增强标识读写适配能力，推动标识在公共领域的应用。

8. 强化标识生态支撑培育

加快推动标识解析核心软硬件产业化。支持标识解析中间件研制及规模化应用，促进标识解析系统与工业企业信息系统适配。增强标识资源对接、测试认证等公共服务能力，建立产业链供应链标识数据资源共享机制。

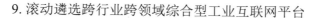

9. 滚动遴选跨行业跨领域综合型工业互联网平台

建立动态评价机制，打造具有国际影响力的工业互联网平台，深化工业资源要素集聚，加速生产方式和产业形态创新变革。

10. 建设面向重点行业和区域的特色型工业互联网平台

聚焦数字基础好、带动效应强的重点行业，打造行业特色工业互联网平台，推动行业知识经验在平台沉淀集聚。面向制造资源集聚程度高、产业转型需求迫切的区域，打造区域特色工业互联网平台，推动平台在"块状经济"产业集聚区落地。

11. 发展面向特定技术领域的专业型工业互联网平台

围绕特定工业场景和前沿信息技术，建设技术专业型工业互联网平台，推动前沿技术与工业机理模型融合创新，支撑构建数据驱动、软件定义、平台支撑、服务增值、智能主导的新型制造体系。

12. 提升平台技术供给质量

加强平台设备接入、知识沉淀、应用开发等的支持能力。突破研发、生产、管理等基础工业软件原有技术，加速已有工业软件云化迁移，形成覆盖工业全流程的微服务资源池。推动基础工艺、控制方法、运行机理等工业知识的软件化、模型化，加快工业机理模型、知识图谱建设。深化"平台+5G""平台+人工智能""平台+区块链"等技术融合应用能力。

13. 加快工业设备和业务系统上云上平台

制定工业设备上云实施指南、工业设备数据字典，培育设备上云公共服务平台，推动行业龙头企业核心业务系统云化改造，带动产业链上下游中小企业业务系统向云端迁移。鼓励地方政府通过创新券、服务券等方式降低上云门槛和成本，创新"挖掘机指数""空压机指数"等新型经济运行指标。

14. 提升平台应用服务水平

开发和推广平台化、组件化的工业互联网行业系统解决方案，培育解决方案服务商，建立平台解决方案资源池和分类目录，开展服务商能力评价。编制完善工业互联网平台监测评价指标体系，支持建设平台监测分析系统，提供平台产业运行数据分析服务。

思考题

1. 制造云的意义有哪些?

2. 制造云的典型技术特征有哪些?

3. 制造云的发展面临哪些问题?

4. 简述制造云的发展趋势。

第三章 云计算在金融领域的应用

导学：

云计算作为一种新兴的信息技术和服务模式，其核心在于通过网络提供按需分配的计算资源与服务。金融行业因其对数据安全性、处理能力和系统稳定性的高要求，成为云计算应用的重要领域。云计算技术的引入，为金融行业带来了资源优化、成本节约、服务创新等多方面的优势。金融机构能够通过云计算实现数据的高效处理、交易的实时结算、风险的有效管理以及服务模式的快速创新。此外，云计算还支持金融行业的全球化扩张，通过提供具有弹性的IT基础设施，帮助金融机构快速进入新兴市场。然而，云计算在金融领域的应用也面临着数据安全、隐私保护、合规监管等挑战。

学习目标：

1. 了解金融云的产生背景及应用价值；

2. 学习金融云的基本概念、特征及分类；

3. 掌握金融云的资质准入及金融云的安全要求；

4. 掌握金融云的具体应用，并对金融云的发展趋势有所了解。

第一节 金融云概述

一、云服务的概念与内涵

云计算，是一种基于互联网的新型计算模式，它能将软硬件资源、数据、应用以服务的形式通过互联网提供给用户。云计算也是一种新的基础架构管理方法，能够把大量的、高度虚拟化的资源管理起来，组成一个庞大的资源池，以统一提供服务。云计算的核心思想，是将大量用网络连接的计算资源统一管理和调度，构成一个计算资源池，为用户提供按需服务。云是对网络、互联网的一种比喻说法，"云"中的资源在使用者看来是可以无限扩展的，并且可以随时获取、按需使用。向客户提供"计算"服务，即信息处理服务，是云计算模式的核心。

根据工业和信息化部发布的《电信业务分类目录》，与云服务相关的是B11类增值电信业务，即互联网数据中心业务（IDC）。IDC业务在解释"互联网数据中心业务"的同时，定义了"互联网资源协作服务业务"。云服务是互联网数据中心业务的组成部分，一般特指"互联网资源协作服务业务"，即"利用架设在数据中心之上的设备和资源，通过互联网或其他网络以随时获取、按需使用、随时扩展、协作共享等方式，为用户提供的数据存储、互联网应用开发环境、互联网应用部署和运行管理等服务"。

云服务作为一种存储与运算资源共享的互联网服务模式，具有资源按需使用、泛在接入、资源池化、动态分配、灵活性强、系统可用性高等特点。

二、金融云的概念与内涵

云计算技术的核心理念在于资源共享与弹性调配。金融行业是当前中国云计算技术应用需求最为迫切的领域之一，金融信息系统每天需处理和分析海量信息数据，而云计算具备强大数据运算与同步调度能力，具有天然优势，"金融云"的概念应运而生。

金融云，是指专门为银行、券商、保险等金融机构的业务量身定制，集互联网、行业解决方案、弹性IT资源为一体的云计算服务。具体而言，是指金融机构利用云计算的运算优势，将自身的数据、客户、流程及系统通过数据中心、客户端等技术手段发布到"云"端以改善系统体验，提升运算能力、重塑数据价值，为客户提供更高水平的金融服务，降低运行成本，最终达到精简核心业务、拓宽分散渠道的目的。

关于金融云，我国尚未在法律层面明确其概念及法律内涵。依据国家认证认可监督管理委员会发布并实施的《金融科技产品认证规则》，金融科技产品中含有一类为"云计算平台"，其包括金融业各机构自建、自用、自运行的私有云和供金融业各机构共享使用的团体云。

结合《技术架构》《安全技术要求》《容灾》三项金融行业标准对金融云服务应用中的各类安全技术做出的梳理和说明，以及《金融科技产品认证规则》中对金融云的界定，可以了解到金融云是结合金融合规与安全要求而发展起来的行业应用。

对于金融云服务提供者而言，除了遵循云计算的一般规则外，还应遵循人民银行、银保监会、证监会等金融监管机构对于金融科技与金融外包服务制定的相关规则。

结合相关政府规章及实务应用，编者倾向于以下定义：金融云计算，即金融云，是利用云计算的模型构成原理，将各金融机构及相关机构的数据中心互联互通，构成云网络，或利用云计算服务提供商的云网络，将金融产品、信息、服务分散到云网络当中，以提高金融机构迅速发现并解决问题的能力，提升整体工作效率，改善流程，降低运营成本，为客户提供更便捷的金融服务和金融信息服务的生态系统。

狭义的金融云平台，是将云计算模型作为金融云的构成原理基础，将金融产品、服务、信息分散到由庞大的分支机构组成的云网络当中，从而提升金融机构迅速发现问题、解决问题的能力。

广义的金融云平台，是建立在云创新基础上的平台生态系统。在运行组织机制和收益共享机制的共同作用下，多家机构共同形成半开放式、多级维度的网络层级结构，它运用云计算、大数据、分布存储等信息科学技术进行内部及外部全方位金融资源交换，形成了一套动态复杂生态系统。云平台生态系统采用以客户为中心的动态、多维、网状创新路径；参与的机构主要包括互联网科技公司、传统金融机构、政府相关部门、云服务平台商；服务对象主要包括各类企业和个人用户。

目前无论是传统的银行业金融机构，还是互联网科技企业，都试图将各类型数据资源集中起来，运用于支付、融资、征信、理财等多维度金融业务单元，利用互联网的技术、渠道、数据优势和互联网思维形成互利共赢的金融云平台生态系统。

三、金融云的应用价值

云计算作为推动信息资源实现按需供给、促进信息技术和数据资源得到充分利用的技术手段，与金融领域进行深度结合，是互联网时代下金融行业实现可持续发展的必然选择。金融云的应用价值主要体现在以下三个方面。

（一）降低金融机构的信息资源获取成本

传统模式下，实力强劲的大型金融机构自己购买硬件基础设施，通过本机构的信息部门搭建符合自己业务需求的软硬件环境，开发各类业务软件；或者向外部供应商购买相关软硬件设备及人力服务，内部技术团队在此基础上进行集成运维和二次开发等工作。而大多数中小金融机构只能采取后一种方式获取科技信息资源，有的甚至因为内部科技实力薄弱，只能完全依赖于外包形式以支撑其开展各项业务服务。传统模式下这种信息资源的获取方式耗费的人力、物力、财力巨大，对金融机构而言是一项沉重的负担。

金融云则大大地降低了金融机构的资源获取和应用成本。一方面，出于规模效应和专业化分工需要，云提供者能以更低廉的价格向金融机构提供服务，安排专业人员对基础设施进行维护，金融机构无须为此耗费人力物力；另一方面，金融机构根据实际需求使用云上的 IT 资源，并按实际使用量进行付费，减少了为闲置资源付出的不必要成本。

（二）减小金融机构的资源配置风险

传统信息模式下，一方面，金融机构容易出现过度配置和配置不足问题。当金融市场波动引发突发性的用户需求暴增时，传统金融机构内部 IT 资源可能会配置不足，将无法完全响应到用户的所有需求，甚至导致系统崩溃；而过度的配置又会带来资源浪费。另一方面，当内部 IT 资源出现故障时，金融机构可能永久性地丢失部分交易数据，将严重影响其正常运营。

金融云提供 IT 资源池及使用资源池的工具和技术，使得金融机构能够随时随地、动态地获取所需的 IT 资源，由此金融机构可以根据实际需求的波动自动或手动调整其云上的 IT 资源。这样既不会造成资源闲置，也避免了使用需求达到阈值时可能出现的损失。云计算也能提高金融数据的可靠性。在不同物理位置布置IT资源，使得当云中的某个设备出现异常时，能够在极短时间内快速将数据拷贝到其他设备上，有助于金融设备问题得到很好解决。

（三）提高金融机构的IT运营效率

金融云极大地简化了金融机构的IT运营管理工作。云服务提供商将信息资源打包，直接为金融机构提供现成的解决方案，使金融机构在对信息资源进行开发管理方面所花费的时间大大缩短。云计算的升级方式非常灵活，完全可以支持业务的动态变化，金融机构也不会因为兼容问题而被迫使用同一个厂商的软、硬件。云系统是一个开放的生态环境，因此互联网上的各种云服务资源，能够方便地进行整合扩充。

总体而言，金融机构使用金融云服务的目的集中体现在缩短应用部署时间、业务升级不中断、用户自服务、系统自动扩容、故障自动检测定位和节约成本等方面。

四、金融云的特征

金融云平台通过提供各类金融产品和技术服务连接供需双方，高效的平台通常具备以下特征。

第一，可有效降低供需两侧信息不对称的风险。金融云平台能提高各类金融机构的资金供给和融资需求有效对接的效率，形成规模效应，通过快速迭代升级或创造新产品、新服务和新型商业模式，使管理者通过对客户需求的技术进行分析，快速做出决策，更高效地进行资源配置。另外，利用云平台之上海量的数据资源，进行实时动态监测，并根据相应的分析模型，对目标客户进行信用水平的分析，得出相应的结论，降低信用风险。

第二，具有多维、动态的网状路径结构。金融云平台内部往往是以企业需求为核心的动态、多维、网状路径，主体包括需求端、服务端、云，由于需求端和服务端可能由许多的机构组成，各主体之间互联互通构成了多维、动态的网状路径结构。相比较而言，传统银行业金融机构大多采用线性的创新路径。

第三，具有优异开放性、适应性和边界模糊的特征。不同类型的企业均可以参与到金融云平台生态系统的建设中，渗透至生态系统的各环节、各流程中。根据目前已经形成一定云生态的阿里系、兴业银行、中信银行的经验，云生态系统中的各企业具有较大自由度，基本可以做到自由进出。同时，金融云平台生态系统内外部可以交叉或共生，界限相对模糊，系统边界、行业边界及组织边界很容易被打破。

第四，参与主体多样化。金融云平台生态系统的构建是不同类型经营主体协同创新的过程，牵扯到广泛的参与主体，还包括资金云、技术云、数据云、信息云、用户云等云资源。阿里、腾讯、百度、京东等电商移动互联网公司，众安在线、泰康在线、安心财产等互联网保险公司，各类云征信公司等，或利用云平台积累的用户资源、交易数据、行为数据，或利用云计算、大数据处理的技术优势，迅速抢占传统金融市场，在某种程度上倒逼着传统银行、保险、基金、理财等金融机构纷纷引入互联网技术和思维来创新融资、基金、保险、理财等产品和服务。参与主体的多样化和要素的不断积累为生态系统的内外部资源流动奠定了基础。

五、金融云的资质与准入

由于金融云的特殊属性，在资质与准入方面，除需要具备通用云服务的资质条件外，还有其特殊的准入标准。

（一）通用的电信行业资质

目前，根据《电信业务分类目录》的规定，电信业务分为基础电信业务和增值电信业务。"云计算"的服务所涉及的"云存储""云计算"及其他相关服务主要归属于 IDC 服务及"互联网资源协作服务"，皆属于第一类增值电信业务，需向通信主管部门申领相应的（B11）类增值电信业务许可证。

此外，根据《中华人民共和国网络安全法》（以下简称《网络安全法》）第二十一条，网络运营者应当按照网络安全等级保护制度的要求，履行安全保护义务，保障网络免受干扰、破坏或者未经授权的访问，防止网络数据泄露或者被窃取、篡改。因此，云服务商提供的产品应依据《信息安全技术 —— 网络安全等级保护测评要求》第 2 部分"云计算安全扩展要求"具备公安部信息

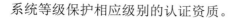

系统等级保护相应级别的认证资质。

（二）金融行业的服务资质

金融云所涉及的金融行业资质问题，包含两个视角，一个是云服务提供商的视角，一个是云服务接受者的视角。

1.云服务提供商的视角

根据《云计算技术金融应用规范技术架构》（以下简称《技术架构》）的要求，对于云服务提供商而言，其所受监管的力度应不弱于金融机构。按照这一要求，云服务提供商采用的技术标准、安全标准和措施，应符合人民银行、银保监会、证监会等监管机构对于金融机构信息系统实施的安全标准。

值得关注的是，监管机构对于云服务的不同层级也相应设置了不同的监管要求。针对应用系统层级的云服务，《技术架构》专门规定："云计算平台提供 SaaS 时，应满足金融领域相应类型的信息系统在服务外包、信息安全、业务流程等方面的监管要求。"

因此，对于 SaaS 云服务提供商而言，要求更为严格，除了网络与信息系统的监管要求外，还需要考虑金融监管的要求。例如，中国银行保险监督管理委员会牵头成立云服务公司——融联易云金融信息服务（北京）有限公司，在经营范围中标示"金融信息服务"，而根据《金融信息服务管理规定》第四条，金融信息服务提供者从事予以备案的金融业务应当取得相应资质，并接受有关主管部门的监督管理。

在 SaaS 技术语境下，云服务提供商可以直接接触和处理金融机构的业务、数据和用户信息，做到对应用、数据、中间件、操作系统、虚拟化、服务器、储存以及网络全掌控，SaaS 系统事实上成了金融机构具体业务的支撑。于是，SaaS 云服务商事实上也成了承载特定金融业务的重要参与者，对于业务本身的合规性应有相应的义务。

2.云服务接受者的视角

按照《技术架构》的定义，金融云服务的接受者，应为金融机构。但是对于金融机构的定义，目前金融云标准体系尚未给予明确的范围。

按照监管标准等同的原则，金融机构应主要包括由人民银行、银保监会、证监会发放金融许可证的机构，如银行、保险、信托、证券公司、金融租赁、期货、公募基金、基金子公司、基金销售、非银行支付机构等。

但是，对于具有金融属性、按照国家规定接受地方金融监管部门监管的机构，如小额贷款公司、融资担保公司、典当行、融资租赁公司、商业保理公司等，目前还存在一些争议。由于监管标准和体系的不同，此类机构能否作为金融云的用户，参照怎样的技术安全标准，以及合规的要求如何等问题还需要监管机构进一步予以明确解答。

六、金融云的安全要求

金融行业的特点决定了金融机构每天都将处理大量客户的敏感信息。客户的个人身份信息、个人征信信息、账户信息、鉴别信息、金融交易信息、财产信息、借贷信息等个人金融信息，既包含有金融机构在提供金融产品和服务的过程中积累的重要基础数据，也蕴含有个人隐私的重要内容。个人金融信息一旦泄露，不但会直接侵害客户合法权益、影响金融机构的正常运营，还可能会带来系统性金融风险，侵害公众利益、社会秩序甚至国家安全。因此，加强客户身份、账户等重要电子信息的保护，综合运用多因素认证、访问控制、边界防护、泄密检测、密码算法和技术、数据脱敏和安全审计等手段，切实提高客户身份认证和验证强度，防范敏感数据泄露、篡改、丢失和非授权访问等风险一直是金融监管机构的监管方向和金融机构的工作重点。

（一）物理隔离的要求

云计算的特征是计算资源利用的效率最大化，而且，通常认为公有云部署方式具有最大的系统优化能力和资源配置能力。但是对于金融云而言，并不支持采用公有云架构。

按照央行的标准，金融云应主要采用私有云、团体云或上述两种方式混合部署。换言之，在 IaaS、PaaS、SaaS 层面，所提供的云服务均应在金融团体云或私有云部署下完成。对此，《云计算技术金融应用规范安全技术要求》专门规定：应保证用于金融业的云计算数据中心运行环境与其他行业物理隔离。物理隔离，即服务金融行业的云计算数据中心在基础设施层面与其他行业进行隔离，在物理服务器、网络接入设施等方面均实现隔离。

物理隔离是信息系统及数据安全防护的最高等级防护措施，对金融云提出这样的高等级安全措施要求，是基于金融数据特别是金融个人信息保护的需求，也是基于金融机构业务正常开展的需要。金融业务具有虚拟性、在线化的特点，云上部署的系统一旦受到破坏并导致系统无法正常运行或数据丢失，那么对经济金融秩序、社会安定、国家安全都将带来极大的危害。

（二）个人金融信息安全

在《关于增强个人信息保护意识依法开展业务的通知》《个人金融信息（数据）保护试行办法》《中国人民银行金融消费者权益保护实施办法》以及《银行业金融机构外包风险管理指引》等规范和指引文件的基础上，央行和全国金融标准化技术委员会发布了《个人金融信息保护技术规范》（简称《规范》）。虽然该规范文件是推荐性行业标准，但在实践中，不排除会成为监管机构监督检查的重要参考依据。

《规范》将侧重点放在了"个人金融信息"，对个人金融信息安全管理提出了包括安全准则、安全策略、访问控制、安全监测与风险评估、安全事件处置在内的五个方面要求。

在金融云服务情景中，对于可能涉及个人金融信息的情况，《规范》明确关注到的问题包括数据使用过程中的信息屏蔽，以及数据销毁和清除。《规范》要求通过信息屏蔽（或截词）技术使信息本身的安全等级降级，实现对敏感信息展示的可靠保护，并使屏蔽的信息保留其原始个人金融信息格式和属性，从而可以在云计算环境中安全地使用脱敏后的信息集。此外，《规范》要求云环境下对有关数据的清除应依据《安全技术要求》第 9.6 条执行，即基本做到云服务使用者鉴别信息的存储空间在被释放或再分配时被完全清除，以及对被更换或报废的存储介质做到物理损坏以防止数据被恢复。作为金融云还应支持所有副本数据的清除。

因此，在金融云服务语境下，无论是使用云计算服务的金融机构单位抑或云服务提供者，在业务运营过程中都应参考该规范并开展合规工作，在关注数据安全的基础上，把握涉及个人金融信息处理的自查与合规管理。

（三）"关键信息基础设施"的安全与容灾恢复

根据《网络安全法》第三十一条规定，关键信息基础设施（critical information infrastructure，CII）是指"公共通信和信息服务、能源、交通、水利、金融、公共服务、电子政务等重要行业和领域，以及其他一旦遭到破坏、丧失功能或者数据泄露，可能严重危害国家安全、国计民生、公共利益的关键信息基础设施"。对于 CII 更深层次的技术理解，可以参考 2020 年 7 月发布的《信息安全技术关键信息基础设施边界确定方法（征求意见稿）》中的定义："支撑关键业务持续、稳定运行不可或缺的网络设施、信息系统，在形态构成上，可以是单个网络设施、信息系统，也可以是由多个网络设施、信息系统组成的集合。在本质上，属于关键业务的信息化部分，为关键业务提供信息化支撑。"

按照《关键信息基础设施安全保护条例（征求意见稿）》第十八条的规定：下列单位运行、管理的网络设施和信息系统，一旦遭到破坏、丧失功能或者数据泄露，可能严重危害国家安全、国计民生、公共利益的，应当纳入关键信息基础设施保护范围：政府机关和能源、金融、交通、水利、卫生医疗、教育、社保、环境保护、公用事业等行业领域的单位；电信网、广播电视网、互联网等信息网络，以及提供云计算、大数据和其他大型公共信息网络服务的单位。

对于金融云服务而言，相关信息系统同时具备了金融、云计算、大数据的相关属性，因而，虽然《关键信息基础设施安全保护条例（征求意见稿）》仍处于征求意见阶段，但金融云所依赖的信息系统被纳入关键信息基础设施应该是不会存在争议的。

因此，《网络安全法》《网络安全审查办法》和公安部发布的《贯彻落实网络安全等级保护制度和关键信息基础设施安全保护制度的指导意见》，以及其他有关关键信息基础设施运营者的网络安全与数据安全保护责任，对于金融云服务提供者同样适用。金融云服务提供者主要的义务包括以下几个方面。

1. 相关制度及操作规程的建立

从网络安全及数据安全的角度看，金融云服务提供者应按照相关法律法规、监管规则的要求，建立内部的网络安全与数据安全管理制度和操作规程，严格落实身份认证和权限管理。在人员管理和培训层面，《网络安全法》规定：

应设置专职的网络安全管理机构和网络安全管理负责人，并对该负责人和关键岗位人员进行安全背景审查，以及定期对从业人员进行网络安全教育、技术培训和技能考核，制定网络安全事件应急预案并定期进行演练。

需要关注的是，《安全技术要求》第十一条明确提出了包括建立安全策略、管理制度、人员管理以及安全建设等在内的管理要求，其中安全建设的方案在实施前还应提交审批，即安全方案必须根据云计算平台的需求选择基本安全措施，方案应论证其合理性和正确性，并在监管单位批准后才能正式实施。

2. 履行有关产品及服务的安全审查申报义务

金融云服务提供者在采购相关网络产品及服务时，应依据 2020 年 4 月 27 日国家网信办、国家发展改革委、工信部、公安部、国家安全部等 12 个部门联合发布的《网络安全审查办法》，在采购网络产品和服务时评估其业务影响国家安全的可能性，并按照该办法主动进行网络安全申报，完成相关审查。

3. 数据存储本地化的义务

《网络安全法》第三十七条规定：CⅡ运营者在中国境内运营中收集和产生的个人信息和重要数据应当在境内存储。金融云服务提供者本身不直接收集用户信息，但提供云服务过程中，又必然会涉及个人信息或其他数据的收集和存储问题。虽然直接收集个人信息和其他数据的主体是云服务的接受者，但数据通常会被存储在云服务器中。云服务提供者服务器中存储的个人信息和重要数据，其数量通常非常大。因此，对于数据的境内存储要求更加严格。

4. 容灾备份义务

对于网络安全的防控而言，容灾是非常重要的一环。《网络安全法》以及《关键信息基础设施安全保护条例（征求意见稿）》都对 CⅡ 的重要系统和数据库提出了容灾备份的要求。

具体而言，金融云服务作为 CⅡ 运营者可参考《信息安全技术 —— 关键信息基础设施安全控制措施》制定容灾备份策略，应建设灾难备份中心并保证业务的连续性。同时《容灾》细化了金融云服务中的云服务商及运用云计算的金融机构的容灾能力。

（四）网络及数据安全责任主体

原则上，云计算服务的安全责任边界受限于云服务参与各方可以触达的资源控制范围。

根据《云计算安全参考架构》列示的 IaaS、PaaS 和 SaaS 服务提供商及其服务客户可以分别控制的资源范围，云服务商主要安全责任是保障其部署在云平台基础设施之上的云计算环境的安全。而且，云服务提供商部署并控制的环境，根据其提供的服务类型，可能包括数据中心物理设施、网络层、服务器／存储、安全设备、虚拟化平台，数据库系统、中间件、应用程序乃至数据。因此实践中，云服务提供商所提供服务模式若不同，其能够触达或控制、管理的范围也会有所不同。从一般的归责原则来看，有效控制范围内的设备、设施故障、漏洞，或者操作不当所导致的网络安全与数据安全责任，由实施控制的主体承担责任。按照这一原则，云服务提供商与云服务接受者需要根据实际情况划分各自的责任。

同时，需要明确的是，虽然云服务提供商与金融机构各自为系统安全与数据安全承担相应的责任，但由于金融机构直接面对用户，如果发生网络安全及数据安全事故导致用户损失，则金融机构仍然是首要的责任方。

具体而言，关于金融机构使用云服务过程中承担的安全责任，《安全技术要求》明确：金融机构是金融服务的最终提供者，其承担的安全责任不应因使用云服务而免除或减轻。

因此，金融机构所需承担责任不仅限于金融行业准入机制下的行业责任，还应该对业务"上云"承担网络安全等责任。金融机构在对外承担责任后，可以根据实际的责任分担情况向云服务商追偿。

（五）安全要求的差异性

金融行业对于云计算架构的高可用性和数据安全有着特殊的关注和要求，而且金融行业不同细分领域的上云需求和监管要求有所差异，也使不同细分领域、不同类型的金融机构做出了不同的技术选择。

对于银行业金融机构而言，监管层面对于商业银行业务的连续性和灾备能力提出了高标准、严要求，是必须遵守的红线；同时，移动银行、直销银行频繁遭遇黑客攻击，网络安全面临挑战。因此，安全稳定是银行业金融机构选择云计算部署模式和云计算产品的首要考虑。

对于证券基金行业，除了需保证安全可靠性以外，证券基金交易量受行情影响，系统波动大，IT 资源利用率较低；但相对的，证券基金业务对数据时效要求高，数据变化快速，系统压力波动大，需要实时监控系统压力及业务变化状况。因此，云计算部署模式能够实现动态扩容，资源按需分配、弹性伸缩，并能实现实时监控系统压力及业务变化状况，对证券基金行业而言尤为重要。

（六）金融云安全的法律规制

作为承载金融领域信息系统的基础平台，金融云信息系统的安全要求应不低于承载业务系统的安全要求，在满足国家信息系统安全基本标准的基础上，还应满足金融行业的特殊要求。

如中国人民银行、国家金融监督管理总局、中国证券监督管理委员会等金融行业监管部门，颁布了多项数据保护要求，如表 3-1 所示。

表 3-1　金融行业监管部门颁发的数据保护要求

发布部门	内容
中国人民银行	《个人信用信息基础数据库管理暂行办法》
中国人民银行	《中国人民银行关于银行业金融机构做好个人金融信息保护工作的通知》
中国人民银行	《中国人民银行关于金融机构进一步做好客户个人金融信息保护工作的通知》
中国人民银行	《中国人民银行办公厅关于加强征信系统查询用户信息管理的通知》
中国人民银行	《中国人民银行关于进一步加强征信信息安全管理的通知》
国家金融监督管理总局	《中国银行保险监督委员会关于印发银行业金融机构数据治理指引的通知》
中国人民银行	《中国人民银行关于加强跨境金融网络与信息服务管理的通知》
中国证券监督管理委员会	《关于进一步加强期货经营机构客户交易终端信息采集有关事项的公告》

表 3-1（续）

发布部门	内容
中国证券监督管理委员会	《证券期货业数据分类分级指引》JR/T 0158—2018
公安部网络安全保卫局 北京网络行业协会 公安部第三研究所	《互联网个人信息安全保护指南》
中国人民银行	《个人金融信息保护技术规范》
国家市场监督管理总局 中国国家标准化管理委员会	《信息安全 个人信息去标识化指南》
国家市场监督管理总局 中国国家标准化管理委员会	《信息安全技术 个人信息安全规范》

第二节　金融云的类型

一、按照金融云需求端主体分类

按照金融云需求端主体分类，金融云可分为银行云、证券云和保险云。

（一）银行云

银行云可细分为私有银行云和开放银行云。

1. 私有银行云

随着金融信息化日益发展和金融产品不断创新，IT 在商业银行业务运行中所起的作用越来越关键。一方面 IT 能够支撑业务运行，提高管理效率，提升组织绩效，促进商业模式变革；另一方面，IT 系统规模不断扩大，IT 资源的未来需求仍将呈加速增长的态势。因此，商业银行必须应对 IT 运营方面的挑战，实现降低总拥有成本、提高服务交付水平和业务连续性、减少能源消耗。私有银行云作为一种新兴的计算模式，以其便利、经济、可扩展性等优势能够将商业银行从 IT 基础设施管理与维护的压力中解放出来，使其更专注于自身的核心业务发展。

私有银行云的价值在于，能够动态地将银行业务流程和 IT 资源分配连接在一起，为客户提供按需服务，IT 资源的分配和管理不需要人为干预，简化

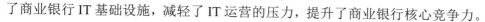

了商业银行 IT 基础设施，减轻了 IT 运营的压力，提升了商业银行核心竞争力。

2. 开放银行云

开放银行云是指基于云服务理念，在系统硬件、平台资源、应用软件等方面为客户提供的共享金融服务，以满足客户的银行业务多样性需求，为其带来便捷丰富的银行服务体验的金融云模式。从云服务提供方的角度来讲，银行的开放云服务分为两种：银行自身打造的开放云服务；银行主动整合社会上的专业技术资源而为客户提供的开放云服务。

（二）证券云

从技术上讲，就是利用云计算系统模型将证券中介机构的金融产品、信息、服务分散到云里，从而达到提高自身系统运算能力、数据处理能力，改善客户体验评价，提升整体工作效率，改善流程，降低运营成本的目的。

云计算在证券行业的应用，使得证券中介机构的服务更加高效。客户可以按需自助式地租用云资源池里的各种资源，比如计算能力、资讯信息、投资咨询服务等。

（三）保险云

保险云是一个抽象的概念，是云计算的理念和各项技术在保险行业的渗透和应用。保险云的构建将带来保险服务方式的改变，即保险客户可以在一个保险门店完成所有保险公司的投保、理赔、保全等保险服务。

保险企业利用云计算进一步解决面临的核心问题，主要目标是不断提升 IT 资源的利用率、降低 IT 成本，提升保险企业 IT 服务能力、响应能力和对业务的支撑能力，进而为企业创造价值，促进 IT 建设和管理模式向集约型转变。云计算的实施意味着保险企业内部 IT 环境的架构、实施和运营模式面临着根本性的转变。

二、按照金融云供给端主体分类

随着金融机构上云进程的不断深入，市场角逐重心逐渐转向金融云解决方案的创新，各类服务商纷纷进场，互联网云服务商、金融机构科技子公司、传统 IT 解决方案服务商三类服务商构成了金融云解决方案市场的初步格局。

（一）互联网云服务商

典型案例如阿里云、腾讯云，此前一直做 B2C 业务，现在向金融行业转型，首先需要转换为 toB 思维。通常情况下，互联网系服务商会将之前面向互联网行业的公有云技术直接移植到金融云中，这种标准化做法的优点是速度快、成本低，标准化输出能够帮助客户快速搭建 IT 架构；其缺点是面对金融业特有的复杂问题时往往会力不从心，难以快速响应客户的需求。

（二）金融机构科技子公司

典型案例如兴业数金、平安科技等银行系金融科技云平台，优势在于作为该行业多年的从业者，熟悉监管要求，拥有很多落地经验，设计产品可以更有针对性，可以解决不同的问题。但缺点是普遍缺乏定制化能力，客户的不同需求得不到个性化满足，这也是金融机构系云服务商最大的软肋。

（三）传统 IT 解决方案商

典型案例如用友、中软国际等传统 IT 厂商的金融云服务，工作内容是帮助金融行业客户扩展和建立金融生态。这些服务商的工作模式主要是 IT 外包，缺乏构建大规模云服务的经验，因此它们的云服务缺乏具体的应用场景，目前的主要客户还是集中于小微金融企业。

三、按照金融云部署模式分类

根据使用金融云平台的用户类型、云资源归属和控制方的不同，金融行业云计算部署模式主要分为私有云、团体云和混合云。

（一）私有云

虽然公有云成本低，但是大金融机构（如银行、保险行业）为了兼顾行业与客户的隐私安全，不可能将重要数据存放到公共网络上，故倾向于架设私有云端网络。总体来看，私有云的运作形式，与公共云类似。然而，架设私有云却是一项重大投资，企业需自行设计数据中心、网络、存储设备，并且拥有专业的顾问团队。规模较大、技术实力较强的大型金融机构由于传统信息化基础设施投入大、专职技术人员多、安全要求更加谨慎等原因，大多采用私有云模式，并通过合作研发或技术外包方式完成私有云平台建设。

企业管理层必须充分考虑使用私有云的必要性，以及是否拥有足够资源来确保私有云正常运作。

（二）团体云

团体云是供金融业各机构共享使用的云服务，成本较低，是指多个金融机构共享一个服务提供商的系统资源，它们无须架设任何设备及配备管理人员，便可享有专业的 IT 服务。这对于一般创业者、中小企业而言，无疑是一个降低成本的好方法。中小金融机构由于自身技术实力偏弱、人才储备不足、资金投入有限等原因，一般更倾向于选择专为金融机构服务的团体云，以同时满足监管合规和控制成本的需求。

（三）混合云

混合云结合了私有云和团体云的各自优势，可以在私有云上运行关键业务，在团体云上进行开发与测试，操作灵活性较高，安全性介于私有云与团体云之间。混合云，也是未来的云服务发展趋势之一，既可以尽可能多地发挥云服务的规模经济效应，同时又可以保证数据安全性。不过目前而言，混合云依然处于初级阶段，相关的落地场景依然较为受限。

四、按照金融云服务模式分类

大多数云计算服务都可归为四大类：基础结构即服务、平台即服务、软件即服务和无服务器计算（Serverless）。

Serverless 是云计算的一种模型。以平台即服务（PaaS）为基础，无服务器运算提供一个微型的架构，终端客户不需要部署、配置或管理服务器服务，代码运行所需要的服务器服务皆由云端平台来提供，Serverless computing（无服务器运算，又被称为函数即服务 Function-as-a-Service，缩写为 FaaS），以 Amazon Lambda 为典型服务。

Serverless 作为一种新型的互联网架构，推动云计算的发展。Serverless 并不仅是计算，它已成为云原生数据库、云原生数据分析乃至人工智能的标配。亚马逊云科技致力于无服务器技术的相关探索,各行各业已经从单个场景的"部分拥抱 Serverless"走向"全 Serverless 架构"。

2006 年，亚马逊云科技发布了其第一个无服务器架构的存储服务 Amazon S3。Amazon DynamoDB 在 2012 年发布，在功能上已经具备了 "Serverless" 特性的 "云原生数据库"。2012 年，Ken Form 在文章 "Why The Future of Software and Apps is Serverless" 中，首次提出了 Serverless，即 "Serverless 无服务器"。2014 年，亚马逊云科技推出 Amazon Lambda 服务，普及了抽象的 "Serverless 无服务器" 计算模型。2019 年，亚马逊云科技发布了 Amazon Lambda 的 "预置并发（Provisioned Concurrency）" 功能，允许亚马逊云科技无服务器计算用户使其函数保持 "已初始化并准备好在两位数毫秒内响应" 的状态。2022 年亚马逊云科技 re：Invent 上，发布了 Amazon Lambda SnapStart 实现 90% 的冷启动延时。

Serverless 的技术优势体现在四个方面：第一，在无服务器平台上，无需用户自身去维护操作系统。开发人员只需要编写云函数，选择触发云函数运行的事件就可以完成工作。例如加载一个镜像到云存储中，或者向数据库添加一个很小的图片，让无服务器系统本身来处理其他所有系统管理的操作，如选择实例、部署、容错、监控、日志、安全补丁等等；第二，Serverless 无服务器让开发者关注于构建产品中的应用，而不需要管理和维护底层堆栈，且比传统云计算更为便宜；第三，传统云计算按照预留的资源收费，而无服务器按照函数执行时间收费。这也意味着细粒度的管理方式。在无服务器框架上使用资源只需为实际运行时间付费。这与传统云计算收费方式形成对比，后者用户需要为有闲置时间的计算机付费；第四，Serverless 无服务器让开发者可以更关注于构建产品中的应用，而不需要管理和维护底层堆栈，且比传统云计算便宜，因此无服务器被誉为 "开发新应用最快速的方式，同时也是总成本最低的方式"。

第三节　金融云使用案例

本节案例主要围绕阿里云金融数据中台来介绍学习。

一、数据中台的创设背景

在数据驱动业务的时代，对数据资产价值的挖掘、运用能力成为金融机构间的角逐重点，原有的金融数据系统已无法很好地满足金融机构提升业务数字化水平的需求。数据中台的出现，为金融业转型升级提供了"新引擎"。

在全新的市场环境下，金融机构以往建设的数据库、数据仓库、数据湖等数据系统（其功能特性如表 3-2 所示）存在的数据割裂、复用难、使用难等短板问题不断暴露，已无法满足金融机构对数字价值挖掘的需求。在此背景下，数据中台受到越来越多金融机构的关注。

表 3-2 数据库、数据仓库、数据湖的功能特性

系统类别	功能特性
数据库	数据库是指 IT 架构中用于存储数据的仓库，主要实现业务型、交易型数据记录和查询功能，不适用于数据的多维度分析
数据仓库	数据仓库是位于多个数据库上的大容量存储库，能够支持复杂的分析操作，侧重决策支持，并且提供直观易懂的查询结果
数据湖	数据湖是一个集中存储数据库，用于存储企业所有的结构化和非结构化数据，能实现对非结构化数据的深入分析

数据中台与数据库、数据仓库等系统存在根本性差别，其与金融机构现有数据架构也不存在竞争关系，不会导致重复建设的状况发生。数据中台的核心价值集中体现在打破部门界限、构建数据沟通渠道、挖掘数据业务价值等方面。数据中台与数据库、数据仓库、数据湖的区别如下。

第一，从技术角度来看，数据库、数据仓库、数据湖三者的主要功能在于数据存储和管理，但其核心能力各有不同，具体来说，数据库以"读"为核心能力，数据仓库以"写"为核心能力，数据湖是以"算"为核心能力。而数据中台不是数据库或数据仓库，但其包含了数据库、数据仓库、实时计算、Hadoop、流计算等所有的技术能力，是一个可以完整地面向所有员工的应用级数据体系。

第二，数据中台的建立是站在用户视角，从整个企业全局视角出发作出设计，而过去的数据系统（数据库、数据仓库、数据湖）建设更多的是站在自身视角、站在企业的视角推出产品。

第三，数据中台是与业务系统紧密连接，由业务驱动、运营驱动的体系。

数据中台需要业务与数据的高度协同，体现业务对数据使用的真实诉求。数据中台与业务系统不是单向关系，而是一个双向耦合系统，形成对业务的自动驾驶型的指导能力。数据中台将成为新兴数字化业务的"核心发动机"，而不是以往建设的数据库、数据仓库、数据湖等离线数据平台。

二、阿里云数据中台的优越性

近年来，阿里巴巴启动了"大中台、小前台"战略，"数据中台"概念首次被正式提出。在此之前，阿里巴巴在对数据中台的探索方面已经有了数年的积累。阿里巴巴数据中台是为了应对集团众多业务部门千变万化的数据需求和高时效性的要求而成长起来的。阿里巴巴认为，数据中台是集方法论、工具、组织于一体的"快、准、全、统、通"的智能大数据体系。核心内容包括数据中台方法论、工具、组织。

首先，在方法论层面要有全局观统领，单独谈局部的技术、系统或结构，都不能实现真正的数据中台建设，这是统一思想；其次，必须将思想产品化，形成一个真正普适性的工具或产品，这是产品沉淀；最后，数据中台的建设不是一个数据系统项目，而是组织文化的变革，是真正把数据变为资产的一种变革，这是高效赋能。阿里巴巴数据中台目前正通过阿里云将能力对外输出。

阿里云数据中台能够帮助银行、保险、证券等金融机构把数据智能等能力嵌入业务流程之中，赋能组织和员工，进而实现金融业务增长和创新，让数据以资产化的方式为业务的增长赋能，从而加速整体数智化转型进程。金融数据中台打破了金融机构的部门墙、数据墙，让数据真正变成全局性资产，并让所有员工都能在工作中基于数据智能进行分析、预测以及决策。

阿里云数据中台的核心价值主要体现在四个方面：降本、提效、业务增长、组织变革。其中，降本、提效是传统数据体系都能实现的价值，而业务增长与组织变革是基于阿里云数据中台实践所形成的独有优势。

金融数据中台经过在多业务中的多年实践探索，已形成一套成熟的赋能体系。阿里云数据中台对外赋能过程中，除了输出方法论＋产品＋技术，还输出阿里生态的多种能力，包括理财业务数字化运营经验、智能风控和营销经验、全链路数据资产管理经验等，帮助金融机构实现全方位的升级发展。阿里云数据中台在以下两个方面具有明显优越性。

（一）兼容需求、快速迁移

阿里云数据中台拥有完备的方法论体系和实践效果支撑，在满足原有数据系统固有的降本提效功能之上，能为金融机构带来业务上的增长并赋能组织优化升级，因而与众多金融机构的需求达成一致。同时，阿里云数据中台体系从理论到技术、产品，均能实现快速地迁移、落地。

（二）通用的商品

阿里云数据中台方案在方法论、技术、工具之上，融合了阿里云平台多种能力以及阿里巴巴集团自身多年实践经验，并使之成为一个真正通用的商品，可以快速实现从 1 到 N 的复制，免去金融机构重复的试错过程。

三、数据中台构建的方法论体系

阿里云数据中台核心内容是 One Data 体系，即数据中台构建的方法论体系（见图 3-1）的总称，包括数据构建管理的 One Model、实现数据融通连接的 One ID、提供统一数据服务的 One Service，贯穿于整个数据研发流程中并且通过工具实施落地，帮助企业高效建设及管理数据。

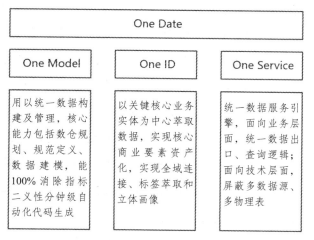

图 3-1　阿里云数据中台构建方法论体系

四、阿里云金融数据中台的核心能力

阿里巴巴数据中台的核心能力体现在两大方面：核心产品矩阵和积累下来的业务经验、能力。

（一）核心产品矩阵：两横两纵

两横包括：跨多段全域应用分析平台 Quick A+，汇集不同数据源的数据，实现对不同数据库的接入、不同数据库的支持和数据的传输；智能数据构建与管理系统 Dataphin，对数据进行建模、加工、计算、分层治理……这两部分的综合即为横向的数据平台的核心能力。

两纵包括：数据可视化分析平台 Quick BI，即 BI 工具，是阿里云在分析领域独特的分析产品，可以实现随时随地智能分析，Quick BI 去年进入了 Gartner 魔力象限，成为中国云厂商里面第一款进入 Gartner 魔力象限的 BI 产品；智能用户增长产品 Quick Audience，其主要功能是实现"全方位洞察，多渠道触达"的增长闭环。

（二）三类业务经验和能力

1. 金融理财业务数字化运营经验

目前，不少金融机构在线上运营方面投入大量资源，但运营效果未达预期。以 App 的开发运营为例，金融行业每年在 App 的开发、维护、运营等方面投入的成本超千亿元，但其运营效果并未达到预期。主要问题为：第一，App 活跃度呈现头部集中效应，整体打开率不足 50%（历史以来）；第二，获客成本高，银行二类户获客成本为 500 ～ 800 元 / 个，券商双录户获客成本为 1 200 ～ 1 500 元 / 个；第三，线上运营团队处境尴尬，仅是服务提供者，即为成本中心而非利润中心。

阿里云数据中台根据在金融理财业务领域的数据化运营经验，提出相应的解决方案，帮助金融机构实现业务数据化，让数据变成生产资料支撑业务。方案包含三个核心步骤：第一，明确业务阵地，包括服务 ICON、焦点产品定位、开户流程等，根据业务目标进行运营规划，吸引用户。第二，有效实现转化，其中包含两个关键点：一是由上至下定义解决的业务问题和能力；二是业务流程各部分可解耦，解耦的目的是让产品更好地适配各机构的底座以及预算。第三，发挥实时能力，根据客户需求变换，挖掘更多服务的可能。

该方案将带来两方面主要效果：第一，提升线上业务交易成效，并大幅节省 App 运营成本；第二，形成一套数字化运营工具来提升线上运营的效率，包括完成积木化搭建。未来可以实现服务的"千人千面"，实现数据的自动化获取、自动化落库、自动化展示。

2. 风控和营销经验

在金融行业，风控体系是对业务赋能最为关键的环节，在市场需求变化和竞争加剧的背景之下，金融机构亟须依靠有限的数据资源提升风控系统的效应和效率。随着大数据、人工智能、云计算等技术手段在风控体系的运用，区别于传统风控体系的智能风控体系已经形成，两者之间主要在数据层面、模型层面、技术层面存在差别，如表 3-3 所示。

表 3-3　智能风控体系与传统风控体系的差异

	传统风控体系	智能风控体系
数据层面	数据来源以行内信息、人行信息为主，特征数量少，以基本信息为主的强变量为主，数据关联度低	基于行内外多维度、线上线下数据，数据特征量大，强弱变量信息均有，数据关联度高
模型层面	人工审核，专家经验为主	利用决策引擎，结合决策、模型体系，自动化分析为主，人工审核为辅
技术层面	技术应用有限，以传统技术 IT 为主	综合运用互联网、大数据、人工智能、云计算、区块链等信息技术手段

阿里云结合智能技术基于行内外或机构内外的数据，结合线上线下有关联或强的有关变量为风控赋能，形成智能风控体系。目前，阿里云智能风控系统已为阿里巴巴集团生态内外多家机构进行赋能。

阿里云智能风控体系架构基于数据层实现对数据的整合治理，运用于多个业务应用场景，像反欺诈、贷中监控、催收等。

阿里云智能风控体系赋能金融机构的重点在两个方面：一是基于数据中台对整个金融机构的数据做标准化管理；二是通过智能化的决策平台，为业务提供智能决策分析与服务，使风控、业务真正实现智能化。

3. 全链路数据资产管理经验

阿里云数据中台经过多年多种业务形态的实践，形成一套管理全链条的数据资产管理方法论。基于该套方法论的治理开放能力,阿里云数据平台每年为阿里集团节省了各种资源以及实现了数据管理的规范化。

该套方法论的三个核心方向,包括多维度的资产分析、智能化资产治理、全链路资产应用。

数据资产管理已成为一个必然的趋势。阿里EB级数据资产管理的建设实践,为金融机构提供一个多维度的资产盘点与评估、跨多领域的资产治理闭环,同时提供多路径的资产查询以及资产服务,帮助企业能全面把握科学分析数据,清晰查看及快速使用数据,能实现数据的高效管理,释放数据价值。

同时,以阿里EB级数据探索实践为基础,以企业客户场景的洞察和分析为出发点,阿里云将全链路数据资产管理方法论沉淀到Dataphin当中,可以通过Dataphin产品帮助金融机构大大降低数据资产管理门槛,提高效率,释放人力。

五、数据中台建设的实施路径

阿里云基于自身的业务实践,提出了关于数据中台建设实施路径的建议,主要分为三个阶段。

第一阶段:全局架构与初始化。基于智能大数据解决方案,配置和部署数据中台相关产品,同时全局架构数据中台,以便后续逐步丰富完善;基于数据中台全局架构,从数据向上、从业务向下同步思考,初始化数据采集、数据公共层建设,并初始化最关键的数据应用层建设;结合业务思考,直接架设业务看数据、用数据的最关键且最易感知的若干场景应用。

第二阶段:迭代数据中台深化应用。迭代调优数据中台全局架构,加强配合完善数据中台相关产品套件;迭代调优数据中台的初始化数据汇集、数据公共层和数据应用层,持续推进数据公共层的丰富完善,并平衡数据应用层建设;深入业务思考,优化场景应用,拓展场景应用。

第三阶段:全面推进业务数据化。持续推进基于业务的数据中台建设;全面推进业务数据化,不断优化、拓展应用场景。

第四节 金融云的发展趋势

一、金融云的发展现状

近年来，根据中国信息通信研究院发布的金融行业云计算技术调查报告，中国近九成金融机构已经或计划使用云计算技术。金融云覆盖了为金融行业提供的私有云、团体云和混合云基础设施，以及面向金融行业的云平台、云应用解决方案，国内近 1/3 已经使用云计算技术的金融机构部署了小规模以上的虚拟服务器；在已经使用云计算技术的 161 家金融机构中，12.5% 的金融机构已经实现大规模部署，部署虚拟服务器的数量在 1 000 个以上；另外，19.2% 的金融机构部署虚拟服务器数量在 500 ~ 1 000 台。

从金融云平台解决方案市场份额来看，阿里巴巴、华为、腾讯、百度等云服务商，紧抓"数据"与"智能"两大主线，不断完善、丰富底层分布式架构、数据库、开发平台和 API 平台等产品，业务规模在疫情期间依然保持高速增长。从金融云应用解决方案市场份额来看，中科软科技围绕各类客户线上需求，继续丰富其分布式核心、信保、营销、灾备等解决方案；宇信科技、文思海辉、南天信息、融信云等，除在核心、获客与线上渠道等细分领域中保持优势外，在数据科学 / 数据应用系统方面亦取得增长，加快了与客户共同探索创新业务模式的步伐。

二、金融云产业发展中存在的问题

虽然云计算已成为金融行业发展的助推器，但目前其在金融领域并没有得到大规模、深度应用，主要原因如下。

（一）存在数据安全风险

金融行业涉及客户大量敏感信息，对信息安全及隐私保护非常重视，目前大部分的金融数据都是由各个机构保存在自己的系统之中，因此相对来说是安全的。而将业务数据迁移至云上，意味着云服务商需要对数据的安全性负责。从主观来看，由于云服务提供者具有访问用户数据的特权，当它是独立于金融机构的第三方时，存在利用特权收集、使用业务数据的风险；从客观来看，作为信息科技公司的云提供者存在倒闭的可能性，一旦"云"公司倒闭，使用其服务的金融机构直接面临业务中断和数据丢失的风险。此外，网络性能面临巨大挑战，用户使用云计算服务离不开网络，但是接入网络的带宽较低或不稳定都会使云计算的性能大打折扣。

（二）金融机构运营管理的控制权被削弱

金融机构作为云用户，无权管理控制云底层基础设施，对云上的某些应用程序仅具备有限的管理控制权，若云提供者不遵守其服务水平协议，将严重影响金融机构部署于云上的解决方案的质量。此外，云提供者与金融机构间一般存在较为遥远的物理距离，金融机构需要经由网络接入云环境，当网络出现延迟波动等异常情况时将影响金融机构相关业务的正常运营，较之机构内部管理控制 IT 资源的传统模式，金融机构对 IT 资源的管理控制权被削弱。

（三）迁移成本巨大

金融行业是较早使用 IT 技术服务于自身业务、管理、决策的行业，现有的设备一般都是大型机，目前运行平稳。除设备以外，相应的软硬件的投资成本也非常可观，如果将这些能继续平稳使用的资源全部迁到"云"上，成本巨大且看起来并不是那么紧迫。同时，金融行业监管合规要求高以及采用云计算试错风险较高，传统金融机构因为旧有系统的积累和模式的成熟，对技术和综合方案能力要求高，上云面临着无数的兼容性适配问题。因此，金融机构通常采取从外围系统开始逐步迁移上云的实施路线，先将辅助性业务系统等安全等级较低的业务先上云。总体而言，目前金融行业在云计算方面的操作都显得谨小慎微。

三、金融云的发展趋势

促进中国金融云解决方案市场增长的三个驱动因素为有利政策、产业挑战和技术创新。

第一，有利政策。从中国银行保险监督管理委员会明确提出将面向互联网场景的重要信息系统全部迁移至云计算架构平台，到央行提出金融领域云计算平台的技术架构规范和安全技术要求，再到金融科技发展规划发布，金融机构对云计算应用的顾虑逐渐消除。

第二，产业挑战。金融业务面临的监管压力和经营压力倒推产业创新升级，云计算和分布式架构成为金融机构管理优化和业务敏捷的不二选择。

第三，技术创新。基于云架构的大数据、人工智能、区块链等技术手段的发展革新，金融云逐渐具备了在金融领域落地应用的基础条件，成为重塑未来金融业态和服务的新力量。

根据 IDC 中国统计数据，2019—2023 年中国金融云解决方案市场复合增长率为 40.2%，2023 年中国金融云市场规模达到 260.3 亿元。

金融云下阶段的应用发展将呈现以下特征：

（一）安全问题将成为金融云服务商竞争的主要领域

IT 系统的安全性和可靠性对金融行业而言至关重要。也正是出于安全性和可靠性的考虑，现阶段对于云服务的发展，金融企业普遍持谨慎态度，而非盲目追随。从行业层面来看，云计算安全将成为云计算服务商之间进行竞争的主要领域。云计算服务商会不断加大对云安全产品的投入，提高产品的可用性、智能性、安全性，防范黑客的攻击。从政府层面来看，政府将出台金融云安全相关的法律法规，以法律的形式明确云服务提供商与用户之间的责任和义务，减少由于云服务提供商管理不当或者用户操作不当带来的数据安全问题。

（二）中小金融机构是金融云发展的生力军

中小金融机构与实体经济接触最为紧密，对小微企业的支持有目共睹，但这些机构自身资金力量薄弱，运营成本高，其中，IT 成本居高不下是重要原因。随着云计算的发展，中小型金融机构能够低成本地在云平台上获取和大型金融机构同等先进的基础设施服务。此外，中小金融机构也可以借助云平台将自身不太擅长的业务外包给其他专业的公司，或者是接入应用程序编程接口（API），利用云计算平台上的资源提高相关业务的处理效率。

（三）私有云和团体云共同发展

当前，一些大型金融企业牵头，在自身搭建金融私有云的同时将冗余的资源提供给特定的，有需求的，受限于资金、技术能力等方面的中小型金融企业，最终形成专供金融行业企业使用的金融团体云模式。借助大型金融机构在金融云领域的经验，使得中小企业能够安全快速地实现业务上云。目前这种介于公有云和私有云之间的模式也被称作团体云（也称行业云），正在金融行业中快速普及。

（四）金融行业 IT 系统的迁移需分步进行

一方面，金融机构使用云计算技术应采取从外围系统开始逐步迁移的实施路线。将高成本、非核心的外围系统或者同质化的基础金融服务，借助互联网实现业务外包，比如提升网点营业厅的生产力，人力资源、客户分析或者客户关系平台，使自身更专注于核心金融业务的持续创新及运营管理。另一方面，金融机构优先考虑使用云计算技术建设互联网金融系统。这里互联网金融系统包括 P2P、消费金融等相关业务，主要是由于这些系统都是新建系统，沉没成本相对较低。

可以预测得到，未来中国金融云服务的格局将是：大型金融机构自建私有云，并对中小金融机构提供金融团体云服务，进行科技输出；中型金融机构核心系统自建私有云，外围系统采用金融团体云作为补充；小型金融机构逐步完全转向金融团体云。

金融云，是利用云计算的模型构成原理，将各金融机构及相关机构的数据中心互联互通，构成云网络或利用云计算服务提供商的云网络，将金融产品、信息、服务分散到云网络当中，以提高金融机构迅速发现并解决问题的能力，提升整体工作效率，改善流程，降低运营成本，为客户提供更便捷金融服务和金融信息服务的生态系统。金融云的应用，能够降低金融机构的信息资源获取成本、减小金融机构的资源配置风险，提高金融机构的 IT 运营效率。云计算使金融机构信息共享速度得到加快，服务质量得到提高。同时，云计算大大提高了金融机构的数据处理能力，它能在短时间内从海量数据中快速提取有用信息，为金融机构的各类分析或商业决策提供依据。

中国近九成金融机构已经或计划应用云计算技术，金融云市场增长迅速，但云基础设施占比仍大于解决方案，要驱动中国金融云解决方案市场的增长需要出台有利政策的出台、产业挑战和技术创新。金融云产业发展中存在数据安全风险、金融机构运营管理的控制权被削弱、使用金融云平台迁移成本巨大等问题，金融云下阶段的应用发展将呈现以下趋势：安全问题将成为金融云服务商竞争的主要领域；中小金融机构是金融云发展的生力军；私有云和团体云共同发展；金融行业 IT 系统的迁移一般为分步进行。

思考题

1. 简述金融云的应用价值。

2. 简述金融云的资质与准入。

3. 简述金融云的分类。

4. 简述金融云的安全要求及相应安全法规。

5. 金融云产业发展中存在哪些问题？

第四章 云计算在医疗领域的应用

导学：

云计算技术在医疗领域的应用正逐渐展现出其巨大的潜力和价值。随着医疗信息化的快速发展，医疗数据量急剧增加，传统的医疗信息系统已难以满足当前海量数据存储、处理和分析的需求。云计算提供的弹性计算资源、高效的数据处理能力和可扩展的存储解决方案，为医疗数据管理提供了新的途径。医疗云平台能够支持电子健康记录（EHR）的集中存储与管理，实现数据共享和交换，提高医疗服务的连续性和协调性。此外，云计算还能够助力远程医疗服务、精准医疗、医学影像分析等多个方面，提升医疗服务质量和效率。同时，云计算在医疗领域的应用也面临着数据安全和隐私保护、医疗信息化标准、法律法规等挑战。

学习目标：

1. 了解医疗云的发展历史和现状；

2. 掌握医疗云的概念、医疗云的作用、医疗云的分类相关知识；

3. 熟悉我国目前医疗云企业及其相关产品的应用案例；

4. 展望我国医疗云的发展前景，理解医疗云发展过程中面临的问题，能够提出相应的解决方案。

第一节 医疗云概述

一、医疗云的概念

医疗云，也称云医疗（cloud medical treatment，CMT），是指在云计算、

物联网、5G 通信以及多媒体等新技术基础上，结合医疗技术，旨在提高医疗水平和效率、降低医疗开支，实现医疗资源共享，扩大医疗范围，以满足广大人民群众日益提升的健康需求的一项全新的医疗服务。

医疗云是云计算在医疗行业的应用，是由云企业为医疗机构搭建的云平台以及提供的云服务。医疗云联通医疗机构内部各类信息系统，存储大量医疗数据，同时还提供高效的计算资源，便于在云上开展大数据分析和对人工智能进行应用。

二、医疗云的实现形式

（一）云端、网络、终端、安全

医疗云的实现需要有云端、网络、终端和安全四个部分，利用这四部分可建立起云端平台与终端客户之间的联系。云端技术是云计算架构的核心，终端是具体客户的实际需求，云端技术可以根据终端的不同需求构建不同的实现形式。医疗行业涉及病人的个人信息、疾病信息等数据，对于数据的安全和隐私保护要求很高，因此云安全技术在医疗云实现的过程中扮演着十分重要的角色。

（二）中台思维架构

国内医院医疗云实现的过程中采用中台思维架构。医院每天面对着大量的医疗业务，不同的临床医学学科的治疗过程差异较大，且未来可能产生的新兴医疗业务将越来越多，云化平台要适应的医疗业务将变得多且复杂。这就需要构建具有中台思维的医疗云平台，这个平台包括数据中台、技术中台、业务中台。数据中台储存传统医疗知识数据，技术中台根据实际情况的发展变化对旧的数据和业务进行升级，业务中台根据一系列流程方法进行创新开发升级。通过中台思维架构的构建，可以在传统的数据中提取出有用的、可反复使用的数据和流程的同时，方便根据实际情况的发展对系统进行创新和升级。这样既保留了数据中台中经长期沉淀留下的有用数据，又能根据实际情况的变化不断推陈出新，促进整个医疗云的发展与完善。

（三）建设路径 —— 渐进式、突变式

医疗云的建设途径分为渐进式和突变式。这两种建设途径相同之处在于二

者都是先构建医疗云平台（数字化转型平台）。其区别在于，在渐进式建设路径下，构建完医疗云平台后，在保证原来的核心系统不间断运行的情况下，对医院的核心系统进行分模块升级，而非一次性对所有模块进行升级；在突变式建设路径下，构建完医疗云平台后，直接对原来的核心系统进行替换，构建新的系统，实现一次性升级。各个医院可以根据自身的具体情况选择适合的医疗云建设途径。

三、医疗云的作用

（一）便于医疗信息储存

云计算服务应用于传统医疗领域后，患者可以将原来纸质的挂号单、病历、处方、医嘱等上传云端，云计算技术为这些医疗信息的储存提供了超大的空间，有效地避免了记录医疗信息的纸质材料的丢失带来的损失，并且减少了纸质资源的浪费，降低了医疗信息的储存成本。同时，医院工作人员和患者可以随时随地从云端获取医疗信息，突破时空限制，便于医院为患者提供高效快捷的服务。

（二）促进医疗机构间及医疗机构内部有效协作

在医疗行业，各个医疗机构之间的协作以及医疗机构内部的协作十分重要，医疗云的应用可以为医疗机构之间协作和医疗机构内部的运转搭建起协作的桥梁。

医疗云可以让全世界的医生以及专业健康保健人员远程获取患者的健康数据，基于云技术的远程会议可以对患者进行远程医疗服务。各个医疗机构的从业人员可突破时空限制参与诊疗，使得优质的医疗资源能够得到有效利用，避免患者延误治疗的时机。医疗云还可以通过医疗云管理系统——HIS、PACS、HCRM、HRP 等（详见医疗云的分类）实现医疗机构内部各个部门之间的有效合作和高效运转，为医疗机构内部的更好协作搭建起桥梁。

（三）提高医学研究水平

医疗云通过医疗数据共享，不仅可以让医院为患者提供更好的医疗服务，还能够打破医疗机构之间的信息壁垒，加强医疗机构的医学科研合作，加快医疗新技术开发的速度。医学科研工作者可以分析来自世界各地的研究数据，得到更加清晰的结论，加快医疗技术进步的步伐。

（四）扩大医疗技术的应用范围

在遭遇地震等自然灾害的情况下，云计算技术可以在救援过程中发挥巨大的作用。救援人员可以通过云技术向外界及时提供现场病患的信息并且及时提出灾区所需要的特殊医疗资源的需求。此外，在灾害发生的现场，如有病情较为严重的患者，在没有经验丰富的医生来为伤者进行手术时，就可以通过医疗云的远程会议，让经验丰富的专家远程指导现场的医生进行手术，确保伤者得到最好的救治。

（五）便于远程监护病人

患者离开医院回到家中，私人医生可以通过医疗云提供的技术手段，实时对患者的身体健康状况进行远程监护。当患者发生生命危险时，私人医生能够第一时间了解患者的身体状况。患者也可以通过医疗云设备联系最近的医院，以便需要时能够得到及时的救助。

四、医疗云的技术扩展

（一）医疗云与大数据

大数据是医疗云发展的基础，有了海量医疗大数据，可以促进医疗云的发展，而医疗云的进一步发展，又有效推动了医疗大数据的处理。

随着医疗领域有关患者、医院等相关医疗数据不断增加，需要大规模的计算、储存和网络单元处理这些数据，大部分医疗机构没有能力独立处理，因此需要运用医疗云。医疗云的使用可以满足大数据的计算、储存等需要，可以有效处理医疗大数据，充分发挥医疗大数据的作用。医疗云和大数据二者在相辅相成之中，相互推进了各自的发展。

（二）医疗云与人工智能

人工智能的进化需要依赖对大量数据进行的学习，而医疗云正好为人工智能的进化提供了海量的医疗信息数据，满足了人工智能的进化学习需求。人工智能将 SaaS 应用与医疗云进行整合，将人工智能安装在医疗云上，对外提供一个服务接口，医生直接使用这一服务接口就可以鉴别患者的医疗影像，这种形式即为 SaaS。

第二节 医疗云的类型

一、从技术层面分类

从技术层面来看，医疗云可以被划分为 IaaS、PaaS 和 SaaS 三类。

IaaS 主要运用虚拟化技术为客户提供基础设施资源，包括计算、存储、网络等。在医疗云中的应用主要有医疗云储存、医疗云计算、医疗云网络、数据安全。

PaaS 常为开发者提供开发平台以及为 SaaS 层应用程序提供相应的运行环境，具体包含数据分析、语音识别、图像识别、广告等。在医疗云中主要包括数据分析和展示平台、数据交换平台、远程医疗平台、健康管理平台、区域医疗平台。

SaaS 主要面向企业或个人的终端客户群体，提供具体的软件应用服务。在医疗云中的应用主要包括辅助诊疗系统、临床应用系统、精准医疗系统、医疗电子数据举证服务、远程会诊与远程影像。

二、从服务对象层面分类

从服务对象来看，可以把医疗云的服务对象分为医疗机构、医药企业、政府机构、科研机构。

对于医疗机构，医疗云可以提供数字医院云、医疗影像云、远程医疗、病人医疗信息管理、远程健康监控等服务；对于医药企业，医疗云可以提供健康管理云、医疗智能硬件、医疗流通、医药云等服务；对于政府机构，医疗云可以提供医联体、区域医疗云、分级诊疗、医保信息化等服务；对于科研机构，医疗云可以提供生命基因大数据、科研管理、课题管理、医疗云教育系统等服务。

三、从服务领域层面分类

从服务领域来看，医疗云服务的领域涵盖医疗领域、医药领域、基因领域。

医疗领域涉及智慧医院、医疗信息化、医保信息化、健康管理、健康医疗大数据等；医药领域涉及医疗流通、医药研发、医药管理等；基因领域涉及基因测序、生命大数据等。

四、从应用层面分类

从应用层面来看，可以将医疗云分为医疗云健康信息平台、医疗云远程诊断及会诊系统、医疗云远程监护系统、医疗云教育系统等。

（一）医疗云健康信息平台

医疗云健康信息平台，是构建以居民健康档案为核心的基础数据平台，实现区域内医疗服务、公共卫生服务的业务数据交换和协同，为区域内医疗业务应用和管理提供数据保障。

该平台主要是将电子病历、预约挂号、电子处方、电子医嘱以及医疗影像文档、临床检验信息文档等整合起来建立一个完整的数字化电子健康档案（EHR）系统，并将健康档案通过云端存储，便于提供今后医疗的诊断依据以及其他远程医疗、医疗教育信息的来源等。在医疗云健康信息平台还可以建立一个以视频语音为基础的"多对多"的健康信息沟通平台，进而建立多媒体医疗保健咨询系统，使居民可更加便捷地与医生进行沟通，医疗云健康信息平台将作为远程诊断及会诊系统、医疗云远程监护系统以及医疗云教育系统的基础平台。

（二）医疗云远程诊断及会诊系统

远程会诊系统提供包括普通会诊、点名会诊、急诊会诊、联合会诊、影像会诊、病理会诊、病历会诊、专家远程查房等全方位会诊服务。该系统还提供远程医疗会诊全过程的流程管理和会诊病历管理等。具体包括医院电子病历的填写，会诊预约信息的查看，会诊报告单的查看，单位个体信息、会诊记录、会诊评价、预存会诊费记录、会诊专家信息、会诊病历的保存、检索、查询、统计等。

远程会诊系统的启用，将为普通百姓提供更加快捷、经济的就医渠道，使老百姓不用出远门，就能享受到国内著名医院病理专家、教授的会诊，使诸多疑难病症在 24 小时内便能得到全国知名专家的精确诊断。

（三）医疗云远程监护系统

医疗云远程监护是指通过通信网络将远端的生理信息和医学信号传送到监护中心进行分析，并给出诊断意见的一种技术手段。远程监护系统包括监护中心、远端监测设备和通信网络。

医疗云远程监护系统主要应用于老年人、心脑血管疾病患者、糖尿病患者以及术后康复的监护。通过医疗云监护设备，可提供包括心脏、血压、呼吸等全方位的生命信号检测，并通过 5G 通信、物联网等设备将监测到的数据发送到医疗云远程监护系统，如出现异常数据，系统将会发出警告通知给监护人。医疗云监护设备还将附带安装一个 GPS 定位仪以及 SOS 紧急求救按钮，如病人出现异常，通过 SOS 求助按钮将信息传送回医疗云远程监护系统，医疗云远程监护系统将与医疗云远程诊断及会诊系统对接，远程为病人进行会诊治疗，如出现紧急情况，医疗云远程监护系统也能通过 GPS 定位仪迅速找到病人进行救治，以免错过最佳救治时间。

医疗云远程监护系统还可以对危重病人时刻进行监测，发现危情立即报警，通知医生及时进行抢救。这主要用于重症监护病房（ICU）、冠心病监护病房（CCU）、新生儿监护室（NICU）和手术室（OR）等，对重要脏器功能损害严重的病人、手术中或手术后处于危险期的患者进行监护。某些病症异常现象出现时间短，需要保持长时间监测才能记录到。通过现代通信技术可以对远程监护患者实时监测，提供及时的医疗服务。

系统的监护对象可以是在家中或在旅行中，且监测可以由患者自行完成，也可以由家庭医生在患者家中或在社区诊所完成。监测结果既可以本地存储，也可以通过通信网络传送到医疗诊所，并通过信息网络实现与远程专家会诊讨论。

（四）医疗云教育系统

医疗云教育系统在医疗云健康信息平台基础上，以现实统计数据为依据，对各地疑难急重症患者进行远程、异地、实时、动态电视直播会诊，以及对大型国际会诊进行全程转播，并通过组织国内外专题讲座、学术交流和手术观摩等手段，极大地促进我国医疗云事业的发展。

医学院的专家教授、学生，可通过医疗教育云在网络上进行专业知识的学习以及考核。医学院参加助理全科规范培训考试的学生，可以通过含有大量题库和学习资料的 App 辅助学习，提高学习的效率；医生可以通过用药指南、影像图鉴、检验助手等医疗相关 App，为诊断和检验的医疗行为助力。总之，医疗云教育系统的使用，便于医学院的专家教授和学生进行学习，可提高医学工作者学习和工作的效率，利于医学工作者相互之间的交流与合作。

五、从医院管理系统分类

根据医院使用的管理系统，可以将医疗云管理系统分为医院信息系统（hospital information system，HIS）、影像归档和通信系统（picture archiving and communication system，PACS）、医院客户关系管理系统（hospital customer relationship management，HCRM）、医院资源规划系统（hospital resource planning，HRP）。

（一）医院信息系统（HIS）

医院信息系统主要由硬件系统和软件系统两大部分组成。在硬件方面，要有高性能的中心电子计算机或服务器、大容量的存储装置、遍布医院各部门的用户终端设备以及数据通信线路等，组成信息资源共享的计算机网络；在软件方面，需要具有面向多用户和多种功能的计算机软件系统，包括系统软件、应用软件和软件开发工具等，要有各种医院信息数据库及数据库管理系统。

从功能及系统的细分来讲，医院信息系统一般可分成三部分：一是满足管理要求的管理信息系统，二是满足医疗要求的医疗信息系统，三是满足以上两种要求的信息服务系统，各分系统又可划分为若干子系统。此外，许多医院还承担临床教学、科研、社会保健、医疗保险等任务，因此在医院信息系统中也应设置相应的信息系统。

（二）影像归档和通信系统（PACS）

影像归档和通信系统是运用在医院影像科室的系统，主要的任务就是把日常产生的各种医学影像（包括核磁、CT、超声、各种 X 光机、各种红外仪、显微仪等设备产生的图像）通过各种接口（模拟、DICOM、网络）以数字化的方式海量保存起来，当用户有需要的时候在一定的授权下能够很快地被调回使用，同时增加了一些辅助诊断管理功能。它在各种影像设备间传输数据和组织存储数据上具有重要作用。

随着现代医学的发展，医疗机构的诊疗工作越来越多依赖医学影像的检查（X线、CT、MR、超声、窥镜、血管造影等）。传统的医学影像资料在日积月累、年复一年的存储保管下，堆积如山，这给查找和调阅带来诸多困难，资料的丢失也时有发生。这样的管理已无法满足现代医院中对如此大量和大范围医学影像的管理要求。采用数字化影像管理方法来解决这些问题已经得到公认。计算机和通信技术的发展，也为影像数字化和传输奠定基础。目前国内众多医院已完成医院信息化管理，其影像设备也逐渐更新为数字化，已具备了联网和实施影像信息系统的基本条件。建设彻底无胶片放射科和数字化医院，已经成为现代化医疗不可阻挡的潮流。

（三）医院客户关系管理系统（HCRM）

医院客户关系管理系统，是指医院运用信息技术，对内部服务流程进行优化，从而建立以市场为导向、以客户为中心的新型服务模式。

医院客户关系管理系统是一个医患综合服务系统，它能将企业管理经验、服务理念融入医院经营中，建立起一个综合体系。其功能可以简单分为如下几类：建立客户信息库、建立医院信息库、智能预约、呼叫中心智能服务、投诉建议服务、VIP客户管理、社区健康信息服务、病情跟踪管理、电子邮件营销、客户健康分析。

医院客户关系管理系统的优点在于：能快速处理和分析患者信息，提供智能决策；加强医院与客户的有效沟通，提供更友好的服务；通过电子化，降低医院运营成本；提高医院管理信息智能化；提升医院长期的经济效益；充分利用客户资源，建立医院和患者长期信任关系，提高医院市场竞争力等。

（四）医院资源规划系统（HRP）

医院资源规划系统是医院引入企业资源计划（enterprise resource planning，ERP）的成功管理思想和技术，融合现代化管理理念和流程，整合医院已有信息资源，创建一套支持医院整体运行管理的统一高效、互联互通、信息共享的系统化医院资源管理平台。ERP 是医院管理者善用一切资源和手段不断推进医院管理创新的工具，是医院实现"人财物""医教研""护药技"管理科学化、规范化、精细化、可持续发展和战略转型的支撑环境，是医院树立整体观、服务观、效益观、社会观及推动医院谋求发展、体制创新、技术创新、管理创新的推动力。ERP 建立面向合理流程的扁平化管理模式，最大限度发挥医院资源效能，可有效提升传统 HIS 的管理功能，从而使医院全面实现管理的可视化，使预算管理、成本管理、绩效管理科学化，使得医护分开核算、三级分科管理、零库存管理、顺价作价、多方融资、多方支付以及供应链管理等先进管理方法在医院管理应用中成为可能。

第三节　医疗云的应用

一、中国医疗生态圈

中国医疗云的应用过程中，离不开互联网公司、硬件企业、软件企业、电信运营商的合作和资源共享。

互联网公司：互联网公司具有技术能力强、有先进的运营管理经验、重视服务创新等优点。目前涉足医疗云的互联网企业有阿里云、金山云、百度云、腾讯云、乐视云、京东云等多家知名的互联网企业。这些企业为医疗云提供了强大的技术支持。

硬件企业：硬件企业普遍规模较大，平台化实力强，集成能力强。常见的硬件企业有华为、IBM、英特尔、联想、思科、中兴等。这些硬件企业为实现医疗云提供了有力的硬件支持。

软件企业：软件企业拥有丰富的客户资源，更加了解客户需求，因此能够从客户的角度出发，提供客户真正需要的医疗云产品，产品与客户结合较为紧密。如东软、卫宁健康、万达信息、北大医疗、用友软件、华为等软件企业，在医疗云和客户之间搭建起了桥梁，使医疗云技术能成功应用于客户的日常生活之中。

电信运营商：电信运营商在医疗领域有一定的建设，具有移动网络和较多数据中心的优势，主要包括中国移动、中国联通、中国电信三大电信运营商。

目前，中国的互联网公司、硬件企业、软件企业、电信运营商共同组成了丰富的医疗生态圈。但是生态圈中各个主体很难通过一己之力优化医疗云的应用性能，而且上游技术企业对接医院底层系统难度大，客户资源也需要积累，因此医疗云行业生态系统中各主体联手合作成为医疗云竞争的主要形式。

医疗云企业合作案例如下：

（一）百度携手东软推出智慧医院

百度与东软联合推出新型智慧城市整体解决方案，双方在医疗健康等领域加深合作。百度输出核心技术优势，联合医疗行业伙伴，加速 AI 技术与医疗健康行业的深度融合和落地应用。

百度和东软在医疗健康领域的合作基于灵医智惠（百度大脑技术驱动的 AI 医疗品牌）展开。灵医智惠与东软结合双方技术和医疗资源优势，携手打造了智慧医院解决方案，包含 CDSS（临床辅助决策系统）、合理用药系统、病案质控系统、慢病管理平台等产品系列。目前该解决方案已经在中国医科大学附属盛京医院等机构进行试点落地，从智慧医疗、智慧管理、智慧服务三个方面，全流程、全方位地赋能医院。

（二）阿里云携手卫宁健康打造"线上线下一体化"健康服务

阿里健康与卫宁软件（现卫宁健康）达成战略合作，打造线上线下一体化的健康服务新业态及生态圈。

阿里健康与卫宁健康共同打造"未来医院"，是阿里健康与医疗机构合作的医院智能化计划，也是卫宁健康助力合作医院全力形成的互联网医院模式。未来医院基于支付宝上的就诊助手而实现，患者就医时，不仅无需带卡，还能享受线上挂号、候诊、诊间缴费、在线检查报告查看等一系列服务。医生开出处方后，患者点击"医保支付"可直接前往窗口取药。凭借阿里医院提供的"视频复诊、送药上门"等功能，能够使其本身的医疗服务辐射更多市民，为慢性病患者提供长期康复诊疗服务。"未来医院"通过移动互联网、大数据等技术，与医疗机构系统的深度融合，从前端用户的就医看病体验，到后台医院系统的信息化数字化改造，帮助传统医疗机构实现向未来医院的智能化转型，提供线上线下一体化的医疗服务。

阿里健康和卫宁健康携手合作，利用互联网技术助推医院科技创新，让每一家医院都能成为互联网医院，帮助患者得到更好的就医体验。目前，浙江省上线了全国首个"服务＋监管"一体的互联网医院平台，积极响应政府号召，配合医疗机构，探路医疗云。

（三）百度云与东软集团联合升级云化 HIS

百度智能云将与东软集团联合升级云化 HIS（医院信息系统）。百度 AI 将全面接入 HIS 产品体系，在医院智能化方面进行积极探索，并推动医疗大数据在医药和保险行业的深度应用。双方将共同成立基于人工智能技术的"CDSS（临床辅助决策支持系统）专项小组"，携手推进人工智能辅助决策系统在医疗机构的探索应用。未来，百度和东软双方将持续推进普惠医疗的发展，让技术真正惠及于民。

（四）华为与智业软件打造 5G＋数字化医院

为了促进医疗信息化发展，助力智慧医疗落地，华为云与智业软件充分发挥各自研发和产品优势，在技术产品研发、商业市场开拓等领域将开展深度合作，联合构建基于云技术的智慧医院、医共体、云影像、互联网＋医院、智慧健康社区等医疗行业的领先解决方案，推动双方在全国健康城市、医疗卫生、医疗保障、社会保障等行业的业务发展。

目前，华为和智业软件打造的 5G＋数字化医院在厦门大学附属第一医院落地，基于华为和智业软件的云平台、云计算、人工智能、大数据、5G 等先进技术及丰富的行业经验，华为将为厦门大学第一医院提供行业领先的 5G、医疗云、数据中心、远程会诊等数字化医院解决方案和产品技术支持服务，致力于将厦门大学附属第一医院打造成为全国顶级的 5G＋数字化医院。

华为云、智业软件与厦门大学附属第一医院实现强强联合、互利共赢，有效推动医疗信息化转型、智慧医疗落地。

二、中国医疗云企业

（一）医疗云 IaaS 层企业

出于对医疗数据安全性的考虑，医疗云 IaaS 层将由混合云提供技术支持，领先的混合云包括阿里云、腾讯云、华为云、AWS、Azure。

1. 阿里云混合云

阿里云混合云具有以下特点：稳定性高，它继承历经十年打磨的公共云基因，是首个大规模商用的原生混合云平台；智能性佳，它拥有企业级云管理入口，基于统一的 CMDB 提供监管控一体化的智慧指挥；安全性高，它是亚洲合规认证最全的云服务企业，是首个通过等保 2.0 四级评估的专有云；开放性强，它能提供兼容的开发接口，标准化的北向接口可兼容多种品牌主流硬件。

2. 腾讯云混合云

腾讯云混合云具有全方位混合云架构，提供裸机、虚拟机、容器全方位的计算服务，拥有公有云、私有云、托管云等全方位的混合云能力。该架构混合云对 IaaS、PaaS、SaaS 进行统一管理、运维，互联了深度安全保障及腾讯认证服务伙伴。为客户提供量身定制的混合云解决方案，提供细致贴身的专业架构师咨询答疑以及 7×24×365 的运维支撑。

3. 华为云混合云

华为云用在线的方式将华为 30 多年在基础设施领域的技术积累和产品解决方案开放给客户，致力于提供稳定可靠、安全可信、可持续创新的云服务。

华为云全栈混合云，基于丰富的 B2B 经验、华为自身大企业数字化实践以及领先解决方案，为政企客户提供全栈、平滑演进的上云体验，是政府和大企业数字化转型的伙伴。芯、端、管、云协同生态，汇聚全球鲲鹏、物联网、安全、AI，以及众多行业应用伙伴，华为云为政府及行业客户提供丰富的咨询、技术、解决方案及服务能力支持。

4.AWS 混合云

AWS 拥有最广泛的全球云基础设施，AWS 混合云旨在创造当今市场上最灵活、最安全的云计算环境。公司的核心基础设施是为了满足军事、全球的银行和其他高度敏感性组织的安全要求而建。借助 AWS 混合云，可以利用最新

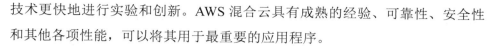

技术更快地进行实验和创新。AWS 混合云具有成熟的经验、可靠性、安全性和其他各项性能，可以将其用于最重要的应用程序。

5.Azure 混合云

Azure 混合云使用"本地、云端和边缘"，无论客户想要部署何种环境，公司都可以满足其需求。使用专为混合云设计的工具和服务，可集成和管理客户的环境。Azure 混合云致力于推动开放源代码的发展，并为所有语言和框架提供支持。Microsoft 的持续创新支持客户当前的开发，也支持客户未来的产品愿景。

（二）医疗云 SaaS 层企业

专注于医疗云 SaaS 的企业主要为软件企业（医疗行业 SI/ISV）与"互联网＋医疗健康"企业。

1.软件企业（医疗行业 SI/ISV）

首先，医疗云 SaaS 层软件业务集成商（医疗行业 SI）有中国电信。中国电信推出的"医疗云专区"旨在面向六大重点领域提出全新的整体信息化解决路径，涵盖数字医共体平台、全绩效系统、云 HIS、医疗云桌面、5G 远程医疗、云 HRP 系统等方面。作为"互联网＋医疗健康"的发展战略重要参与者和推动者，中国电信面向医疗行业客户正式发布了"医疗云专区"。经过多年的发展，医疗云专区已在全国 18 个省挂牌成立，形成了 4 大类 30 家以上合作伙伴库，完成了 20 家以上天翼云适配，合作落地项目超过 100 个。其次，医疗云 SaaS 独立软件开发商（医疗行业 ISV）有东软集团、东华软件、卫宁健康、万达信息、北大医疗等。

（1）东软软件。

东软集团是中国领先的 IT 解决方案与服务供应商。东软集团面向全球提供 IT 解决方案与服务，重点发展医疗健康及社会保障、智能汽车互联等领域。东软集团旗下有关医疗云的子公司，具体情况如表 4-1 所示。

表 4-1　东软集团子公司云医疗主营业务及发展状况

公司名称	主营业务	发展状况
东软医疗	大型高端医疗设备制造	中国大型高端医疗设备行业发展的引领者，业务已覆盖全球 100 多个国家和地区
东软熙康	云医院和健康管理服务提供商	中国最大的基础医疗服务平台
东软望海	医院 HRP 精益化管理与服务	在医院 HRP、医院成本一体化、医疗卫生资源监管等领域保持优势地位

东软医疗定位为以影像设备为基础的临床诊断和治疗全面解决方案提供商。其拥有数字化医学诊疗设备（CT、MRT、DSA、GXR、PET/CT RT、US 以及核心设备组件）、智能设备与影像数据服务（MDaaS）平台、设备服务与培训、体外诊断设备及试剂四大业务线。

东软熙康，利用整合信息技术与医疗资源的能力，构建了高度可复制、可扩展的云医院平台模式，紧密连接地方政府、医疗机构、患者及保险机构，促进了地方医疗系统服务效率提升，为患者提供持续、全面、高质量的医疗健康服务。

东软望海，一家全心致力于医疗健康领域、精益于运营服务的大数据企业。通过数据驱动管理、科技赋能医疗，将医学专业和创新科技深度融合，专注服务于中国医疗市场，把先进的管理理念与 IT 技术结合，为医疗生态圈的精益化与高品质营运保驾护航。东软望海在 HRP、医院成本一体化、DRG 智能审核与支付、智慧财务、智慧物联、全景人力、活力绩效、医疗卫生资源监管等领域一直保持优势地位，创新并引领中国医院精益化大数据服务领域。

（2）东华软件。

东华软件作为一家知名 IT 企业，近些年来加大对新一代医疗信息技术研发投入，联合腾讯在医疗领域推出"一链三云（医疗云、卫生云和健康云）"战略和六大解决方案。建成后的"一链三云"具有更加友好的应用场景。

经过个人授权，就可以把个人病历等数据在全国医院范围内共享，通过手机 App 等方式在医院、医生、个人之间建立起有效、精准的连接，实现个人健康管理、慢性病管理等功能，真正使每个人都拥有自己的"私人医生"，产生极大的社会效益和经济效益。2019 年 3 月，东华软件与腾讯云在北京联合发布了大健康医疗服务互联网云生态平台 iMedical Cloud 暨云 HIS 产品，并正式启动云 HIS 的上线运行。而 iMedical Cloud 将会推出腾讯觅影、AI 辅助诊断系统、知识图谱、CDSS、云供应链、云 HRP 等更多的生态产品和服务。

（3）卫宁健康。

卫宁健康前身为卫宁软件，专注于为医疗卫生机构提供医疗信息化服务。2015 年，公司开始在医疗健康服务领域积极布局，推动"互联网＋"模式下的医疗健康云服务等创新业务的发展。2016 年，卫宁软件正式更名为"卫宁健康"，目前其业务已覆盖智慧医院、区域卫生、基层卫生、公共卫生、医疗保险、健康服务等领域。2020 年 4 月，卫宁健康发布新一代医疗健康科技产品 WiNEX 平台，基于中台思想，构建"高内聚、低耦合"的微服务体系，形成知识驱动型的数据服务闭环，实现医疗信息化向医疗数字化服务模式跃升。卫宁基于"1+X"战略进行开发，其中"1"是中台，"X"是各项个性化的业务场景。依托中台，医院可以更专注于医疗业务本身，关注体验，创新医疗新场景，让医疗数字化成为可能。

2."互联网＋医疗健康"企业

"互联网＋医疗健康"借助互联网平台，从某一细分领域做起，致力于解决医疗行业痛点，相关企业包括春雨医生、好大夫在线、杏树林等。

（1）春雨医生。

首先，在用户进行健康咨询方面，春雨医生免费为用户提供了图文、语音、电话等多种咨询方式，并由二甲、三甲公立医院具有主治医师以上资格职称的医生在 3 分钟内为用户进行专业解答。

其次，春雨医生还采用了流数据健康管理技术，对多来源数据进行采集并以可视化的表现形式，将用户的运动、饮食、体重、血压、血糖等多种人体数据进行全方位汇总，让用户随时随地了解自身的健康状况。

再次，春雨医生还添加了另外一大功能点——自我诊断。实用、全面、精准的自我诊断功能可以在没有医生协助的情况下向用户普及医学知识，让用户学习医学常识。春雨医生的自我诊断功能支持多种查询方式，用户可自行查询疾病、药品和不适症状。而在自我诊断的背后，囊括了最全面的药品库和化验检查库、美国 CDC 40 万样本库、医院药店地理数据库和春雨医生多年以来积累的超千万的交互数据库。为了保证自我诊断的精准度，春雨医生还采用了智能革新算法，该算法支持多症状查询和疾病发生概率查询。

最后，医生还可以在春雨平台上开设自己的个人网络诊所，对所提供的服务项目和服务价格进行自定义。

对于医疗工作者而言，春雨医生可以帮助医疗工作者将碎片时间利用起来，让医疗工作者以便捷的互联网沟通方式增加收入，树立个人品牌，积累患者，为个人执业做准备。并且可以在医患多向互动之外加大数据系统辅助，降低误诊率。也可以打破医院界限，进行学术互动，提高医疗工作者整体的诊疗水平。

对于患者而言，患者可以随时随地进行快捷问诊，降低时间、空间以及金钱成本。并且可以预防过度医疗，让小病不大治、大病不耽误。而远程会诊和多方意见使得患者对病患知情权得到大幅度提升。

（2）好大夫在线。

好大夫在线是中国领先的互联网医疗平台之一。经过 15 年的运营，好大夫在线已经在医院/医生信息查询、图文问诊、电话问诊、远程视频门诊、门诊精准预约、诊后疾病管理、家庭医生、疾病知识科普等多个领域取得显著成果。

好大夫在线分为患者版和医生版。使用好大夫在线患者版，患者能够按医院、按疾病、按科室寻找适合自己的大夫在线问诊，在线阅读医药相关科普知识和专家文章，还能实时关注出诊专家的动态；好大夫在线医生版拥有数量众多的优质医生群体。2021 年，好大夫在线收录全国近 1 万家正规医院 79 万余位医生信息。其中，超过 24 万名医生在平台上注册，在这些活跃医生中，三甲医院的医生比例占到 73%。全国优秀的医生们可以利用好大夫在线这个平台，进行线上个人品牌建设。

（3）杏树林。

杏树林是国内知名的互联网医疗企业。杏树林的初心是让医生行医更轻松，让医疗更高效，将"协和三宝"（图书馆、病例室、老教授）变成中国医生的三宝。旗下 App 产品"病历夹"和"医口袋"，为医生提供专业内容和临床工具，用户覆盖了 37% 的中国医生群体。

杏树林率先打造了以病历为核心的一站式全场景医药营销云平台，致力于推动医药企业合规专业化营销转型，为医药产品提供基于病历的全场景营销服务，解决了医药企业合规、精准、有效学术营销的诉求。杏树林还成立了"病历营销研究院"，总结病历营销的方法论和最佳实践，帮助医药企业落地基于病历营销的专业化转型。同时，通过杏树林互联网医院，平台已经形成了"患者招募—线上诊疗—送药上门—慢病管理"的闭环服务。

杏树林已经与中国市场上数十家领先医药工业、商业企业以及医疗器械企业达成长期业务合作，服务了 100 多个医药产品。

三、医院运用"医疗云"实践案例

（一）福州市第一医院"互联网＋医疗"创新

福州市第一医院发展"互联网＋医疗"，加快建立远程医疗服务体系，提升分级诊疗服务质量，在医疗改革方面取得了显著成效。

为了真正达到医联体优化医疗资源配置，实现患者在医联体内部合理流动的目的，福州第一医院医联体围绕患者医疗需求，逐步构建上下贯通的医疗服务体系，为病人提供全方位、全周期、连续性的服务。而构建一个高效的医联体，首先就要建立在医疗信息高度共享、医疗流程无缝对接的服务共同体基础之上。福州第一医院大力推动智慧医疗并积极采用大数据、云计算等创新技术。致力于构建健康高效的医疗联合体，福州第一医院医联体建设提出了更高的信息化目标，包括医联体内的各层级医院之间建立统一的信息化系统，共享病人档案、检查结果、用药、治疗信息等。

医联体庞大规模的信息整合及未来医联体的不断发展，对底层 IT 基础设施性能、可靠性、灵活扩展、运维等方面提出了巨大挑战。传统的 IT 基础设施，已然无法满足实现医联体 IT 建设目标的需求。福州第一医院最终采用易捷行云 EasyStack 的 ECS Stack 超融合系统支撑医院医联体分级诊疗、医疗信息共享等相关业务应用。面对众多挑战，福州第一医院选择主动拥抱下一代云计算创新技术，采用易捷行云 ECS Stack 云就绪超融合的创新解决方案，基于架构更稳定、性能更优的超融合基础设施支撑医院医联体 IT 建设。

通过"互联网＋医疗"，福州第一医院及医联体相关单位医护工作和患者体验得到了大幅提升，福州第一医院医联体建设真正践行了"以人为本"的科学理念。

未来，福州第一医院还将携手易捷行云 EasyStack，持续助力医联体医疗系统实现信息互通共享，完善"互联网＋医疗健康"支撑体系，通过云计算等创新技术切实有效解决"看病难"等民生问题，真正把方便实惠带给全社会。

（二）河南省省立医院大规模医疗云业务系统

河南省省立医院对医疗信息化建设十分重视并进行了持续投入，在基础设施和医院管理信息化应用等方面取得了很大的成绩，但随着医院临床信息化等新业务的发展，不断增长的业务发起了对 IT 部门的挑战。

目前，河南省省立医院各个业务系统运行有多种应用软件平台，其中包括大多数对计算资源要求并不高的普通医用软件，也包括对计算资源要求严苛的不间断运行的系统，例如医院信息技术 HIS，同时还包括支撑医院医疗影像系统的服务端软件 PACS（影像归档和通信系统）等。为了既减少投资便于管理，同时满足多种医疗业务系统的应用需求，一种稳定的、可靠的、集中可共享资源的 IT 资源服务方案成为河南省省立医院信息化建设的最大诉求。

河南省省立医院使用医疗云软件对医院原有 IT 基础架构进行改造，为信息系统平台（CDR、医疗大数据搜索系统、CDS-临床规则管理系统、院感管理系统、专科科研管理系统、单点登录系统、EMPI）、运营数据中心（HBI）、影像数据中心、内网 Web 应用等近百个生产应用系统运行提供稳定支撑，大幅提升患者就诊体验。

基于未来可扩展性、安全性和稳定性考虑，河南省省立医院将持续对现有系统进行改造，将原来各个应用系统中的公共功能拆分，以服务的方式供各应用系统共享，逐步实现各业务系统的解耦合，实现高可用和横向扩展。该项目整体采用私有云解决方案进行全面规划部署。

河南省省立医院云平台是极具代表性的支撑多类型、大规模医疗业务系统的医疗云项目，也将引领医疗行业上云的大趋势，促进整个行业通过云计算等创新技术改善医院医护工作和患者体验。

（三）北京大学肿瘤医院"北肿云病历"互联网诊疗

北京大学肿瘤医院在疫情期间，为方便患者就医，减少院内人员聚集，加速推进互联网诊疗服务，同时完成了互联网诊疗的医保对接。复诊患者可通过"北肿云病历"App 挂号，在家里看网络视频门诊；医生通过网络视频进行问诊，在线为患者开具检查、检验及处方，并通过"北肿云病历"将诊疗单和病历推送给患者；患者可以线上完成缴费、预约检查日期，可以选线下到院做检查和取化疗药，也可以在当地医院完成后续医疗复查。互联网诊疗服务的开展，减少了患者就诊环节和非医疗花费支出，降低了院内交叉感染的风险。

据统计，北京大学肿瘤医院平均每天有超过 30 位医生在线出诊，各知名专家、教授在线为复诊患者提供诊疗服务，日均线上门诊量超过 350 位患者，外地患者占 51%。同时复诊患者转移至线上诊疗而节省出的门诊医疗资源留给初诊患者，让更多的新患者得到及时的诊治，新病人就诊率相比过去同期提升了 6 个百分点。

为促使患者方便使用"北肿云病历"互联网诊疗业务，产品在设计的每个环节都增加了通知和短消息友情提示，例如就诊当天需提前半小时报到，就诊前半小时发短信提示患者需到安静及网络畅通的环境进行就诊，且排队人数剩余 2 人后也会短信提示患者准备就诊；就诊后推送患者诊后须知，提醒患者核对处方、检查、检验及相关预约时间等内容，并提示按相关流程支付及线下就医流程、注意事项等。

北京大学肿瘤医院将继续推进互联网诊疗服务，并深入探索线上线下相结合的诊疗模式，做到既和患者面对面，也和患者键对键，不断优化系统，拓展功能，提升患者和医生的使用体验，让信息多跑路、让患者少跑路，为患者提供更加及时、便利、高效的医疗服务。

第四节　医疗云的发展趋势

一、中国市场医疗云生态圈逐渐繁荣

未来几年，中国医疗云服务企业将面临大洗牌，实力不足的企业将逐步退出中国医疗云服务市场，最终存活下来的企业多为创新型或者实力型企业。互联网的不断发展要求整个行业朝规模化发展，行业资源势必向行业龙头流动，最终资金、技术、人员、市场、管理等方面能力突出的企业将获得更多的市场资源，并成为各大医院云服务的合作首选。届时，中国医疗云服务行业集中度不断提高，行业整体的规模化效应也将凸显出来。

二、混合云将成为医疗云建设主要形式

医疗数据的安全性保障问题将使得混合云成为医疗云建设主要形式。医疗数据一方面涉及医院财产所有权问题，另一方面涉及患者隐私权，而云上数据具有不确定性的特征，这将妨碍某些带有敏感数据的应用在公有云部署，而公有云也有其独特的优势，因此未来医疗云的实现形式将主要是混合云，待安全性进一步优化之后往公有云形式转变。行业云除外，云计算主要有 3 种部署模式：公有云、私有云、混合云。这 3 种类型的云在使用人群和使用方式上不一样：公有云对公众开放使用，私有云由单一组织独占使用，混合云混合了两种模式。一般来说，公有云成本更低，可灵活调节规模，私有云安全性更强，混合云则综合了两者的特点。

此外，随着行业壁垒逐步被打破，在政策等利好下，预计未来我国医疗云也将达到百亿元甚至千亿元的一个规模。

三、医疗云市场拓展前景广阔

随着经济不断发展，医疗卫生事业的水平不断提高，医疗机构 IT 投入自会不断提升，这将成为医疗云规模提升的一个蓄水池。我国 GDP 总量不断增长，卫生费用占 GDP 的比重也在不断提升，从而卫生费用总量在不断上升，与此同时，IT 费用无论是从总量上还是从占卫生费用的比重上来说都将持续上升，随着卫生费用的提升，IT 费用也将持续保持增长。

但我国 IT 费用占卫生费用比例与发达国家差距较大，从另一个角度印证了医疗机构 IT 费用提升的预期，医疗云将从中受益。

四、医疗云发展对策

（一）加大医疗云宣传推广力度

促进医疗云发展有待政府牵头组织，各医疗云服务企业具体落实，加大宣传力度，特别是加大对经济落后的偏远地区的宣传力度。各医疗云服务企业应组织相关工作人员给偏远落后地区的医院管理者和患者开展讲座，帮助他们认识和了解医疗云，树立在疾病诊断、医疗中使用医疗云的观念和意识。

政府、业界和社会各方应积极推动"网上医联体"构建，推动医疗云快速发展。鼓励基层医生通过云诊室开展"互联网＋医疗"服务，引导患者利用医疗云健康服务平台获取专业医疗信息和健康管理信息，提高云会诊平台的利用度。鼓励医院利用设点的社区卫生服务站进行云诊室宣传推广，引导居民和普通病、慢性病患者利用云诊室平台预约、诊治。

社会各界要通过制定项目宣传计划，加强舆论引导，向公众展示智慧健康战略惠民、促进群众健康的成果，让社区居民人人享有智慧健康带来的获得感，形成全社会关心和支持智慧健康项目建设的良好氛围。

（二）大力推进数据跨区域、跨医院共享

我国大多数医院在前期信息化建设中缺乏长远统筹规划，多数应用系统之间没有统一的技术和数据标准，数据的传递、共享均存在障碍，从而往往形成彼此隔离的信息孤岛。为了有效提高医疗机构之间信息传递与共享的效率，应建立统一的信息交互平台。以大数据中心为核心的区域云机房建设，在统筹智慧健康云数据中心网络、硬件、虚拟化软件、管理平台等规划前提下，采用集中式云计算管理，是消除不同医疗机构之间信息数据交换共享障碍的有效方式。这种方式可以保障云诊室与各医院信息系统之间的医疗数据交换与共享，实现区域医疗资源的共享和有效利用。

（三）规范数据采集过程，加大数据安全保护力度

在患者医疗健康数据的采集过程中，对于患者原始个人信息采集和使用需

要经过患者的同意，并且不得收集与患者诊疗无关的信息。对于医院通过疾病诊疗、健康咨询等形成及由此衍生的健康医疗数据，医院应当联合医疗云服务提供企业，从严把控采集信息的流程，并全方位取得患者的有效授权，同时做好数据采集规范管理。

提供医疗云服务的相关企业，应当具备符合国家有关规定要求的数据存储、容灾备份和安全管理条件，提升关键信息基础设施和重要信息系统的安全防护能力，严格落实健康医疗大数据的存储要求和安全等级保护制度，加强对医疗数据的存储管理。

各医院在使用医疗云服务的过程中，将产生大量的医疗数据，其中涉及的电子处方、医疗保险支付、医疗纠纷处置、患者隐私保护等问题，都需要有关部门通过出台相关政策和完善现行法律法规以对整个服务链进行严格审查和监管。由于我国目前相关政策和法律法规还不完善，无法完全有效避免医疗数据泄露的问题，因此各医院、各提供医疗云服务的市场主体，在具体运用医疗大数据的过程中，应秉着审慎从严、合理利用的原则，在规范使用医疗大数据的同时，促进医疗云行业可持续健康发展。

除医院和医疗云服务提供主体规范对医疗数据的使用之外，还可以从医疗云本身加强对医疗数据安全性的保护。目前来看，私有云、混合云仍然是医疗云较为长期的阶段性方案。但从未来的发展来看，公有云会是未来的主流。随着医疗信息脱敏手段的提高，以及公有云服务的概念进一步深入人心，未来医疗云的形态将会呈现出多样化的趋势，进而满足不同等级、不同类型医疗机构的需求，而公有云在医院的渗透率将进一步提高，医疗用户对公有云的接受程度会不断上升。

（四）健全医疗云服务相关制度和政策法规

面对前述所提及的医疗云发展过程中的问题，可以通过以下途径健全医疗云服务相关制度。

第一，联通医保结算系统。医疗保险结算对接不畅将使得云诊室就诊的医保患者无法实现即时医保费用结算，只能通过线下实体医院支付费用，制约了医疗云模式的发展。政府应协调、鼓励医保系统与医疗云系统互联，使医疗云系统的费用结算与医疗保险支付系统互联，使"治疗信息同步、医疗保险审核同步"。此外，相关部门应研究互联网医疗哪些项目应纳入收费目录和医保报销目录，以支持互联网医疗的持续发展。

第二，建立国家级的医保信息管理平台。连接和打通全国各省、各区域实体医疗机构及互联网医院，实现大病去医院、小病慢病上互联网医院，真正让老百姓足不出户即可寻医购药。

第三，建立互联网医疗服务监管系统。以大数据技术全流程监管互联网医疗健康服务，针对事前、事中、事后三个阶段，对医疗机构、执业人员、诊疗、护理、处方开具等服务行为进行监管。让医生的每一次问诊，开出的每一张处方，在系统上都有迹可循。一旦有违规行为，监管负责人员可以及时干预，以策安全。

第四，强化执业准入监管。为了保障医疗质量和患者安全，云医院要对从事网络执业的医务人员资质进行监管，严格落实医生实名准入，对医生网络问诊视频、音频全程备份，设立网络医生执业评价评审制度，对网络执业医生进行考核和评价，最大限度地保障医疗安全，减少医疗纠纷的发生。

除细化相关制度之外，还应加强医疗云的顶层设计，尽快出台全面、系统、完善的规范医疗云服务的法律法规。医疗云制度和法律法规的完善，需要国家推动做好顶层设计、相关职能部门牵头落实、提供医疗云服务的企业和全国各家医院共同配合。总体来说，医疗云的实现离不开全体社会主体的共同努力，这个过程需要全社会共同完善。

思考题

1. 解释以下名词：医疗云；公有云；私有云。

2. 医疗云发展过程中面临哪些问题？

3. 请根据本章所学内容，思考我国医疗云发展过程中还面临哪些问题（本章所提及的问题除外），并为这些问题提供解决的思路。

第五章　大数据在生态环境的应用研究

导学：

生态环境是关系民生的重大社会问题。如何处理好经济发展与环境保护的关系，实现生态环境高水平保护与经济社会高质量发展的协同，是不少城市当前面临的重难点问题。近年来，随着信息技术的快速发展，大数据、云计算、移动互联网对人们生产生活的影响越来越大。党中央、国务院和生态环境部高度重视大数据在打赢污染防治攻坚战的支撑作用，对生态环境大数据的发展和运用是关键节点。

学习目标：

1. 了解我国生态环境监测的基本情况；

2. 熟悉生态环境监测大数据建设的背景及意义；

3. 掌握生态环境监测大数据平台方案的设计策略。

第一节　生态环境监测大数据技术

一、我国生态环境监测基本情况

为提升生态环境信息资源利用水平，全力打赢污染防治攻坚战，城市大数据建设已成为新一轮地方新基建的重点。但目前信息化建设存在"信息孤岛"和"信息烟囱"的弊端，已严重制约了地方生态环境治理体系和治理能力现代化的提升。生态环境大数据建设已迫在眉睫。我们必须不断创新环境监测技术，并将其作为我国生态环境的基本保障。

从信息化角度来看，环境监测呈现出系统的工作模式：信息数据采集—信息数据分析—呈现环境监测的信息数据，其中的每一个环节都发挥着自身的作用，相互独立且相互衔接，想要提高环境监测技术，就必须将这三个环节全部做好。目前，我国的环境保护工作正在向代价小、效益高、排放低、可持续的中国特色环境保护新方向发展。在环境监测技术中，对信息化技术的应用包括综合指数法、模糊综合评判法、灰色聚类法等等，并且在不断地实践总结过程中，尝试突破按照空气、地表水、噪声等多方面进行单独要素评价的模式，开创了具备多元化的环境要素。

从宏观层面来看，目前的环境监测技术所呈现出的环境信息涵盖着一部分人文因素。在进行环境监测时，会在一部分环境信息中融入社会以及地方经济发展等因素。但是，其总体信息仍然较为单一，很难在环境信息中呈现出多元化信息数据，无法将环境保护工作与实际的社会发展联系起来。从微观层面来看，目前的环境监测技术对信息化的应用始终存在一定程度的缺陷，这些缺陷主要来源于环境信息的复杂性。在呈现环境信息时，目前的环境监测技术仅能提供较为直观的环境质量评价，难以在其中融入可持续发展理念。环境监测技术的数据库管理仍然采用较为落后的管理模式，很难跟上社会发展的步伐，社会发展、气象等信息很难被有效地反映到数据库中。

二、生态环境监测大数据建设背景及意义

随着社会快速发展，城市化进程加快，公共环境变得越来越脆弱，生态系统在不断退化，环境污染也较为严重，环境问题逐渐上升为关系民生的重要话题，特别是对我们的活动范围影响较多的城市公共环境，进行适当有效的治理更为重要，政府部门对数据的应用反映出政府的决策水平。对环境进行合理保护，监测和合理利用现有的环境资源，保护开发中的城乡生态环境，是政府在环境公共治理中的重要职能，也是多元治理主体在新形势下得以参与社会管理的一种路径。管理的变化，大数据以实时高效的处理技术，能有效推动环境公共治理方式的转变，提升环境公共服务的整体治理能力。在未来，人们的推理能力以及能够从海量的数据中学习和分析的能力将成为人类和社会发展的关键技能。大数据在环境公共治理中的价值何在，环境大数据建设将如何推动整个

环境公共服务的持续健康发展，在未来的环境监测与治理中大数据要如何才能发挥更大技术优势来助力我国环境公共服务的长远发展，等等。

（一）环境公共服务是关系民生的大问题

运用大数据技术服务于环境公共治理，既是大数据时代发展的选择，也是政府在管理主动求变、迎合技术发展与新型社会的需求，更是未来建设数字化智慧城市的基础。中共中央办公厅、国务院办公厅印发的《关于构建现代环境治理体系的指导意见》提出：全面提高监测自动化、标准化、信息化水平。推进信息化建设，形成生态环境数据一本台账、一张网络、一个窗口。全国生态环境保护工作会议的重点任务提出：健全生态环境监测监管体系，推进生态环境监测大数据建设，严厉打击监测数据弄虚作假。

（二）有利于制定对环境的未来状态和功能更为合理的决策方案

基于大数据的环境监测与治理，需要新的方法论和技术运用的有力支持，形成新的环境大数据体系，建构以大数据为核心的新环境治理状态。从长远来说，源自数据与分析的新知识不仅会成为未来数十年的经济增长的基础，也有利于政府人员思考已有的管理思维，接受新的管理理念，在决策时做出对环境的未来状态和功能更为合理的决策方案，制定更为科学的、可能会影响未来十几年甚至几十年的环境新政策。技术决策在政府服务提供管理的过程占据重要地位，因此有必要对关于政府该如何利用数据分析来解决问题和科学决策，提升环境公共治理水平的课题做相应的探讨学习和研究。由于大数据具有明显的技术优势，比如在过程中实时监测、定结论时精准高效的特点，在处理平时基本的公共环境监测或者遇到重大应急环境事件时能及时准确分析，有效避免低效率决策，这对政府部门而言，在环境治理方面有较强的指导意义。

（三）具有重要的社会经济价值和现实意义

大数据应用于环境公共服务，对企业、政府和广大民众而言具有重要的社会经济价值和现实意义。从社会经济方面而言，一是对环境的监测预警能建设社会，优化基本公共服务；二是避免重复建设，减少经济损失，避免资源浪费；三是能避免低效甚至无效的决策，作为智慧政府管理的重要技术工具，能提升地方政府的决策能力。政府需要运用大数据思维建立环境大数据，通过对特定环境区域的实时监测进行处理和分析，对环境的变化趋势进行提前预警。在收集信息的过程中，可以筛选其中有用的信息进行针对性的分析，排除掉无用的过时的无效信息。

（四）提升政府在决策上的时效性、针对性和预见性

大数据以技术和算法来分析问题的关联性，提供可靠判断的依据。政府部门在过去做了大量的信息化建设，但由于没在管理和利用数据上直接互联，导致数据的利用率并不高。那些未被利用起来的数据信息几乎等同于废弃物，没有统一的数据存储和管理平台，数据信息孤岛化、碎片化的情况越来越严重。而建立环境大数据，在大数据平台上运用技术工具和算法程序对具体监测地点开展实时监测，有针对性地对相关地理环境信息进行详细的监测及具体研究，通过定量化和可视化分析评估，能够优化环境公共治理的结构和过程，将跨部门跨区域的环境数据资源整合起来，形成整体性环境治理体系以及提倡多部门协同参与，最终形成科学的建议和意见，从而提升政府在决策上的时效性、针对性和预见性。

三、生态环境监测大数据应用前景

生态环境物联网是目前全国最大的一张物联网，物联网、大数据、人工智能等技术在生态环境领域将有广阔前景。随着 5G 逐渐商用，其所具备的高带宽、低时延和大连接的特点，将进一步促进生态环境领域各类传感器技术进步与扩大应用范围，更好支撑云端智能化应用，从而进一步驱动"智能+"产业的发展与应用。目前，物联网技术在生态环境领域应用最广泛、最深入，主要应用于环境监控，包括污染源自动监控、环境质量在线监测和环境卫星遥感三个方面。当前，生态环境监控的精度和广度都还有很大空间，包括传感器设备的技术水平、成本、运维能力等各方面都需要不断提升。同时，基于大量自动获取数据的大数据应用目前还非常有限，但生态环境领域预测预警、精准判断都需要大数据、人工智能技术的有效支撑。

由于生态大数据种类较多、复杂性较高且具有较高的时空异质性，包含的如气象、水利、国土、农业、林业、交通等领域，现有的人类科学也无法做到

认知到所有的自然生态属性,所以生态环境信息化建设要以生态环境数据采集、传输、处理、分析应用和展示为主线展开,按照统一的生态环境信息资源目录,分级分类搭建上下对应的生态环境数据库,以生态环境业务专网为依托,通过生态环境数据共享服务平台,快速实现跨地区、跨部门、跨层级的数据交换共享。

在我国当前开展的生态环境信息化体系设计方案中,生态环境信息化体系将建设一张高精度三维感知生态环境变化的生态环境物联网,一张横纵贯通全国生态环境领域的固定与移动相结合、高速、可视、智能的生态环境业务专网,一个支撑应用快速开发、数据共享交换、业务协同交互、大数据应用的统一云平台,一套覆盖全国、数据唯一可靠的生态环境数据,一个满足跨部门、跨层级、跨区域的生态环境部门业务协同"大系统",一张动态反映生态环境现实、模拟预测趋势的"虚拟空间图",以及依托国家政务服务平台的生态环境服务"一扇门"。总之,通过信息化体系建设,将构建起"生态环境最强大脑",让生态环境信息化进入基于即时、全量、全网数据的"智能 + 生态环境"治理创新时代,为打好污染防治攻坚战提供强力支撑。

四、生态环境监测大数据平台设计方案

完善的生态环境大数据设计是由覆盖广泛的物联网,智能的数据挖掘能力、校验能力,突出的大数据辅助分析决策体系组成。其目的在于通过综合应用传感器、红外探测、射频识别等装置技术,实时采集污染源、生态等信息,构建全方位、多层次、全覆盖的生态环境监测网络,从而达到促进污染减排与环境风险防范、培育环保战略性新兴产业等方面的目的。我国环境保护领域在十几年的发展过程中,广泛采用传感器、RFID 等互联网相关技术,具有良好的物联网技术作为基础,对实现大数据在生态环境监测提供了先决条件。

(一)构建环保领域物联网体系

物联网作为一个系统,与其他网络一样,也有其内部特有的架构。其结构主要有三层:一是感知层,即通过 RFID 技术、传感器、二维码等物联网底层传感技术,对物体信息的实时获取,并通过传感网络;二是网络层,即通过将互联网、3G 网络、短波网等多种网络平台的融合,构建物联网网络平台,将

感知层采集的信息实时准确地传递至环保信息中心，并对数据清理、整合、汇总控制工程网版权所有，处理各种机械或人工造成的异常，通过数据挖掘技术及数据融合技术实现对采集信息价值的深度提炼；三是应用层，即把感知层采集的信息，根据各功能模块需要进行智能化处理，实现污染的早期预警、治理的自动调节、环保信息的实时发布等环保物联网应用功能，并补救各种不稳定的技术结构、程序、硬件和网络的错误，以及调整数据采集传感器不稳定的工作环境。

环保物联网研发了两个核心标准：污染物在线监控（监测）系统数据传输标准（HJ212）和环境污染源自动监控信息传输、交换技术规范（HJ/T-352）。实现了环境基础数据的唯一性及其采集、传输的规范化，为把环保物联网建成国家数字环保基础设施创造了前提。环保物联网的实现需要我们研发一系列相应的关键技术和核心机制。为了支撑212核心标准的落地，提出了"数采仪＋通讯服务器"的硬件/技术核心结构。该结构在实现在线监控设备的极简化、在线监控现场端的归一化以及监控中心与在线监控设备之间风险隔离效应的松耦合方面具有创新意义。

环保物联网还具有全覆盖——对全区域、全领域、全方位的环境信息传感，全开放——可向所有的建设者、用户、技术、产品和服务全方位开放；全收敛——承载的数据与其他资源都要聚合到国家统一基础设施上来，也就是要聚合到"一网打尽，全国共享"的价值点上来；平台化可确保环保物联网高效运行、建设和应用而提供的一整套支撑软件、技术和实施方法等一系列相对稳定的特征。

（二）开发智能化处理功能

物联网技术应用的目的在于，通过广泛采集的数据，运用数据挖掘等智能化技术，对采集的数据进行筛选和提炼，为决策层提供安全、可靠、有效的决策依据。所以，数据的智能化处理是物联网技术应用的本质特征之一。任何领域对物联网的技术的应用，如果缺乏智能化开发，都不能充分发挥物联网的技术优势。充分发挥物联网的智能化优势，对环境监测进行智能化处理，将简单的环境监测数据提炼为有价值的统计数据，至少可以达到以下两个目的：一方面控制工程网版权所有，延长污染预警时间；另一方面控制工程网版权所有，为环保部门治理环境污染提供可靠的决策依据。

为提高生态环境数据服务的质量，结合扩展的各类监测数据实际情况分析数据治理的需求，对采集汇聚的监测数据按要素、按区域、按流域、按管控单元和时间维度进行深层主题融合，制定合理数据治理方案，是开发智能化处理功能的关键。监测全维时空展示是在生态环境监测大数据数据融合、数据价值挖掘的基础上，结合全维时空数据可视化技术，对生态环境数据资源和工作成果进行统一汇聚融合，实现生态环境监测数据的直观化表达、指标化分析、动态化跟踪和图形化展示，以"驾驶舱"理念为领导决策提供"一站式"支撑。并可在现有基础上，提供重点业务监测数据专题服务，包括监测情况、环境质量现状、污染源排放分析内容，为生态环境重点业务开展提供支撑。

（三）构建多平台网络模式大数据辅助分析

缺乏安全稳定的网络传输基础，环保工作中的数据的监测、控制工作则难以实现。物联网通过广泛散布传感设备，实现对数据的广泛采集和实时传输，并及时汇总控制工程网版权所有，数据采集量、传输量和处理量较大，对网络平台的要求较高。为保证环保工作中，物联网的正常运作，需要建立以互联网为主体，多网络平台共同适用的网络平台环境。以互联网为主体，原因在于环保工作中信息采集处理的范围广，需要互联网作为主要运作平台，且面对城市、大型环保工程等基础设施较好的区域，互联网平台优势明显。多网络平台共同适用，原因在于，虽然大部分环保监控区域是孤立的，但大多数已具备一定的信息传输基础，如移动网络，充分利用已有的网络平台，为数据传输提供数据基础。

第二节　生态环境大数据应用实例

一、大数据助力打赢污染防治攻坚战

（一）"一湖两海"流域大数据应用

"一湖两海"指的是内蒙古自治区当地的呼伦湖、乌梁素海、岱海三大淡水湖。呼伦湖位于内蒙古自治区呼伦贝尔市新巴尔虎右旗境内，是自治区第一大湖，其湖面呈不规则斜长方形，湖长 93 千米，最大宽度为 41 千米，平均宽 32 千米，湖周长 447 千米。呼伦湖的水质情况较差，长期维持在劣 V 类。乌梁素海位于内蒙古自治区巴彦淖尔市，是中国八大淡水湖之一，其当前面积 292 平方千米，汇水范围近 12 000 平方千米。自 20 世纪 90 年代起，由于自然补水量不断减少，乌梁素海的自净功能弱化，加之上游一些地方排放生活污水等原因，导致湖区面积减少，水质情况较差，长期保持在 V 类，水体富营养化严重。岱海位于内蒙古自治区乌兰察布市凉城县境内，是自治区第三大内陆湖，岱海当前面积 55.7 平方千米，汇水范围 2 300 平方千米。近年来，由于降雨减少，地表径流变弱，岱海湖面萎缩、盐碱化程度加剧、水质长期为劣 V 类。

《内蒙古自治区关于全面加强生态环境保护坚决打好污染防治攻坚战的实施意见》中提出：大力推进"一湖两海"生态环境综合治理。加快实施呼伦湖、乌梁素海、岱海生态与环境综合治理工程，进一步加大投入力度，加强规划管理，优化治理措施，建立健全监督考核机制，严格落实有关地区和部门治理责任。加大区域产业结构调整和工业点源、农业面源、生活源污染治理力度，从源头上控制入湖入海污染物排放量。因此，有必要建设"一湖两海"流域大数据决策支持应用，面向"一湖两海"水环境污染防治工作要求，以呼伦湖、乌梁素海、岱海水环境改善为目标，深入开展大数据决策分析应用，保障自治区全力打好碧水保卫战。

1. 建设目标

"一湖两海"流域大数据决策支持面向"一湖两海"水环境污染防治工作要求，依托生态环境大数据管理平台框架，整合水质监测、污染排放、农牧业资源、水利、气象、地理等数据，利用大数据分析方法，以呼伦湖、乌梁素海、岱海水环境改善为目标，实现对重点流域水质现状评价和分析；建立全面的水污染源排放清单，建立水质模拟模型，实现污染溯源分析，分析最合理有效的减排和治理方案，保障自治区全力打好碧水保卫战。

2. 建设内容

（1）水质监测评价体系。

实现对呼伦湖、乌梁素海、岱海的实时水质监测监控和水质达标评价。根据水环境质量评价工作的实际需求，利用单因子评价、综合污染指数评价、富营养化评价、城市水环境排名等多种评价方法，选择评价指标、评价断面，形成流域地表水、饮用水、地下水水质评价专题。

（2）水质污染扩散模型。

基于数据集成整合成果，建立呼伦湖和岱海二维水质污染扩散模型，与乌梁素海水质污染扩散模型共同组成流域水质污染扩散模型库，为流域污染防治提供决策支撑。

（3）流域污染排放清单体系。

将对流域有影响的废水污染源统一集中管理，建立流域废水污染排放清单，说清流域废水污染物的来源组成，提供区域内污染物的整体分布情况及不同类型污染源各自向流域排放的总量，建立呼伦湖、乌梁素海、岱海流域水污染排放清单，实现三个重点流域的污染排放地图，为溯源分析和污染防治规划建立数据基础。随着环境保护管理精细化，河道排口监管职能的划入，基于排口的污染排放管理成为流域环境监管的新要求，为此建立一套围绕排口进行污染排放的核算、统计、分析，涉及污染源—排口—环境水体的污染排放清单体系。

3. 主要应用

（1）水质监测评价体系。

①流域数据资源集成。

实现内部数据和外部数据的资源整合，内部数据包括：流域水质自动监控数据、流域视频监控数据、流域水质手工监测数据、污染源自动监控数据、污染源手工监测数据、流域风险源信息等流域环境监管数据；外部数据包括流域水文数据、地形数据、气象数据、社会经济数据等。

②水环境质量评价分析。

为了解"一湖两海"水质现状，掌握流域水质类别和达标情况，以监测断面为对象，对水质监测结果进行展现，同时实现对手工监测数据和自动监测数据的评价分析，并对区域、流域的整体水质优良率、达标率进行现状及同比、环比分析，以及对水质级别构成进行趋势变化分析。

（2）水质污染扩散模型。

结合水环境污染物迁移转化动力学数值模型的相关需求，对"一湖两海"的历史水文数据、气象数据、水体基础数据进行初步分析，确立合理的模型模拟边界，结合气象、土壤、产业结构、工业开发环境等条件，通过国内外相关参数的收集整理和归纳以及实地监测，给出模型相关参数的取值范围，结合常规水环境污染物和有毒有害污染物的特征，对主要水质参数进行灵敏度分析，初步建立水环境污染物迁移转化动力学数值模型。

通过模型运算，可以实现对河段的网格概化结果、容量计算过程及流场模拟结果进行界面展示，同时运用 GIS 的空间运算和分析能力，实现模型可视化，并实现不同时间尺度、空间尺度预测结果的动态演示。

（3）流域污染排放清单体系。

①点源排放清单。

点源污染源是影响流域水质的重要污染源类型，对流域范围内的点源进行分类规整并对整个污染分布情况进行梳理，构建流域的点源排放清单，提供区域内即各污染源各自向流域排放的总量，为研究水环境污染成因、控制污染源排放、解决水环境问题提供重要依据和前提。

②面源排放清单。

相比于点源污染，面源分布范围广、污染排放占比较大，因此提取流域面源并构建流域面源排放清单是十分有必要的。利用面源提取技术获取土地利用类型和面积，采用排污系数法计算污染排放量，建立面源排放清单模块，最终构建完整的流域废水污染物排放清单。

此外按照排放去向，将污染源按照所属支流进行分类管理，并建立不同支流的污染排放清单，形成流域排放清单目录；基于污染排放清单实现污染溯源分析子系统，为污染来源的追溯提供有层次的、可分类的污染溯源分析。

③流域排口管理。

入河污水排放量管理是解决水污染的关键，要维护河流的健康生命，必须从入河排污口抓起。入河排污口在污染源和水环境之间起桥梁作用，理清入河排污口位置、关联污染源、废水收集范围、废水类型等信息，对排污口进行分类管理，建立流域排口信息管理系统，为流域管理工作提供科学依据和决策支持。通过流域污染排放清单体系，利用地图、列表相结合的多维排放清单展现方式，查看具体污染源名称、分布、排放数据等信息。

（二）乌海及周边地区大气污染防治

乌海市及周边地区位于内蒙古自治区的西南部，总面积4 300平方千米。该区域位于黄河上游，处于黄河流域生态安全核心区和重要的人居保障区内。该区域属于西北干旱区和季风区，水资源短缺，土壤沙漠化严重，生态敏感脆弱。区域内分布着七大工业园区，包括内蒙古自治区的蒙西工业园区，千里山工业园区，乌达工业园区，阿拉善经济开发区，棋盘井工业园区，海南经济开发区，另外宁夏石嘴山惠农工业园区紧邻乌海市西南部。该区域的工业以煤源产业为核心，以煤炭开采、电力、焦化等产业为主，高能耗高污染工业企业较多，产业结构不合理，工业发展加剧区域环境质量恶化，区域环境污染形势严峻。

该区域以城市为主，既是黄河流域生态安全核心区，也是重要的人居环境保障区，同时也处于华北地区生态屏障内。荒漠化问题不仅造成黄河泥沙增加，也会引起生物多样性下降，敏感地区生态功能受损等问题，从而削弱华北地区生态屏障的作用。区域的干旱和荒漠化很可能导致黄河断流，直接威胁黄河流域生态安全。区域的空气质量低于全国平均水平，二氧化硫和烟尘超标严重，以乌海市最为突出。严重的空气污染危害人民群众的健康，严重影响了人居环境保障区的功能。

该区域的自然条件恶劣，不利于发展农业，第三产业发展水平较低，因此产业结构以重工业为主导，能耗高，污染高。产业结构严重不平衡导致在快速发展中也存在着结构性污染突出、生态治理难度大、水资源相对短缺、污染物排放总量削减、任务重等问题。

《内蒙古自治区关于全面加强生态环境保护坚决打好污染防治攻坚战的实施意见》中提出要坚决打赢蓝天保卫战，其中乌海及周边地区等区域为主战场之一，因此有必要建设乌海及周边大气污染防治大数据应用，以该区域大气环境质量改善为目标，深入开展大数据决策分析应用，保障自治区全力打好蓝天保卫战。

1. 建设目标

通过大数据分析平台，掌握乌海及周边区域空气质量现状，为改善该区域大气环境质量提供数据服务。探索建立环境容量和承载力分析模型、环境调控对策模型，说清规划目标与实际承载能力间的关系，并提出与承载力特征相适应的产业发展规模、结构和布局建议。探索搭建为优化和指导规划实施及生态环境资源配置提供科学依据的系统框架。

2. 建设内容

通过对该区域各行业各企业大气污染物排放、气象条件及生产、经营状况等各要素数据的综合分析，用数据说清区域环境承载能力，为属地政府和环保部门确定优先整治和重点监管的企业名单，为地方政府经济综合部门确定鼓励、限制与淘汰企业名单。主要包括区域环境绩效分析、行业环境绩效分析、企业环境绩效分析、动态环境容量分析。

3. 主要应用

（1）区域环境绩效分析。

针对乌海及周边地区，按照不同区域，分析大气污染物贡献浓度及比例、区域排污强度，综合得出优先治理区域，给出各区域的发展方式调整建议。区域划分方式包括三个盟市的六大工业园区，具体为：乌海（千里山工业园区、西来峰工业园区、乌达工业园区）；鄂尔多斯（蒙西工业园区、棋盘井工业园区）；阿拉善（乌斯太工业园区）。

（2）行业环境绩效分析。

针对乌海及周边地区，围绕焦化、氯碱、电力、冶金四个重点行业进行分析，分析大气污染物贡献浓度及比例、排污强度，综合得出优先整治行业、鼓励与限制发展行业。

（3）企业环境绩效分析。

针对乌海及周边地区，按照不同企业，分析大气污染物贡献浓度及比例、排污强度，综合得出优先整治企业、鼓励、限制与淘汰企业名单。

（4）动态环境容量分析。

结合气象条件，基于认知计算方法分析动态大气环境容量，并按照采暖期与非采暖期，以及各种时间维度统计动态大气环境容量，优化当前的行政总量控制指标；分别分析不利于扩散和有利于扩散气象条件依次对应的大气环境容量，为污染物总量管理决策提供依据。

二、大数据强化污染源精准监管

（一）固定源数据标签体系应用

在大数据建设形势驱动下，数据驱动业务的理念已应用到信息化建设过程。以往基于基础数据的简单分析统计已不能满足环保日常监管、战略决策的需要；已不能支撑涉及多种监管对象的大数据综合应用场景；更不能适应对单个监管主体的深度特征分析，从而辅助精细化监管工作。环境大数据建设背景下，势必要求基于各类监管对象（如企业，断面，空气测点等）基础数据，利用大数据分析技术，结合业务场景需求，实现数据智能化加工，形成知识标签，深度刻画监管对象特征；势必要求依托标签体系，构建标签应用体系，从群体综合查询、大数据分析应用、精细化监管、风险防控等多方面实现基于标签的应用，助力环境大数据建设。

为了达到说清污染源底数、说清污染源现状、说清污染源排放以及进一步支撑环境监管，为企业绿色发展、大数据分析应用助力的目标，着力构建标签自动化生成流程，多层次多维度提取企业特征，形成标签云池并面向各类监管主体提供固定源分析应用、大数据综合场景服务、资源高效检索等支撑。

1. 建设目标

为促进企业、政府、公众对环境管理的共识共治，建立基于标签体系的企业环境行为评价。一方面，向社会公开企业的环境绿色评价，引导正向价值观，树立企业健康、环保的社会公众形象，为绿色金融和绿色信贷奠定基础；另一方面，辅助管理部门识别高风险企业，践行一证式管理要求，提高精细化监管水平。建设以标签为基础，实现基于标签的企业群体查询及企业精准画像，辅助日常监管与企业绿色发展。利用标签生成技术，实现标签全流程、全生命周期管理，形成智能标签库。

2. 建设内容

（1）标签服务系统。

①环境数据资源中心。

系统建设的前提是已建立环境数据资源中心。标签生成所用数据均来自数据资源中心资源库。标签管理的任务运行、元数据管理、环境资源目录调用、服务接口配置等功能均依托于数据资源中心的管理能力。

②标签智造工厂。

即标签系统管理平台，基于标签库提供从实体定义、标签定义、标签服务到标签评估、监控的标签全生命周期管理，是企业标签应用的支撑基础。

③标签智库。

根据标签体系梳理成果，构建监管对象的标签存储库，实现企业、流域、区域等不同监管对象的标签存储。

④标签应用。

实现基于标签的企业群体即时查询与按主题的查询，满足用户日常监管的需求。

⑤保障体系。

系统根据标签业务的标准规范体系，依托安全保障体系、运维管理系统，为系统提供运行保障。

（2）主要应用。

①企业环境画像。

基于标签智造工厂生成的各类特征成果，结合大数据分析应用场景需求，全面构建企业级标签应用服务，支撑日常监管与决策。

②企业环境标签智库。

企业环境标签智库是实现标签应用、生成的前提，智库的构建通过体系完备合理的标签分类体系、明确清晰的标签定义以及存储能力来实现。

③标签智造工厂。

基于标签的特征和全生命周期过程，建立适合生态环境大数据的标签管理中心,和现有生态环境大数据平台进行无缝整合,提供快速标签定义、生成和管理的平台。

3. 应用特点

第一,快速聚焦重点监管企业,深度助力监察执法、精细监管。

第二,企业环境特征全息刻画,极大满足企业信息公开与绿色发展需求。

第三,不断积淀业务模型算法,构建了完备企业环境标签智库。

第四,打造全流程、全生命周期环境标签智造平台,具备高效知识创造能力。

(二)应用案例:"环保电子警察——让污染源自动监控数据造假无处遁形"

辽宁省生态环境厅立足辽宁生态环境需要,启动实施了"辽宁省重点监控企业自动监控数据动态采集智能监管项目"。辽宁省重点监控企业污染源的自动监控设备的 396 个点位的数据采集仪按照生态环境部新修订的数据采集传输标准的要求升级改造,由单纯的数据采集传输变为采集传输+动态管控,采用直接从自动监测分析设备采集原始数据的传输方式,避免数据造假,保留了在线数据稳定上传功能,同时增加了对自动监测设备的运行状态、关键参数、报警状态、远程反控、门禁管理及图像取证功能,并具有违法行为取证功能,实现智能监管,为环保部门提供一种高效的远程管控手段,堵住在线数据造假行为,提高数据质量,保证自动监控在环境管理中的应用。

1. 应用创新

通过系统集成,可以实现数据的自动化上传,通过模型设计,可以对其他数据进行综合分析,为数据判断及决策服务。污染防治攻坚正由传统的"人海战"向自动化、智能化、信息化转变。

该项目不仅仅是一个动态监控系统,更是一个开放的、可拓展、可延伸的智能生态系统,系统全面兼容市面上全部的 35 种设备品牌及 80 多种协议,成功实现了在线监控数据、现场设备运行参数数据、现场设备运行状态数据三数据同时上传及现场情况影像监控数据上传。

2. 建设成效

系统能实时监控所有省控及以上重点污染源自动监控设备测量量程、曲线斜率、速度场系数等影响自动监测数据准确性的工作参数，并自动形成参数修改记录，大大提高了监控管理效率；能对自动监测设备的异常工作参数、异常运行状态及参数的修改进行报警；智能监管动态管控系统设置了远程反控和智能拍照功能。

项目真正提高了污染源在线数据的准确性，缓解监管人员不足的压力，减少管理成本，实现信息化管理，提高管理结果科学性，促使排污企业更加遵守相关的环保法律法规，逐渐实现排污企业排污守法常态化。

（三）应用案例："信息化助力'三个全覆盖'，实现重点排污单位智慧监管"

安徽省生态环境厅建设了生态环境大数据中心，摸清环境质量现状和发展变化趋势，基本实现了污染源全生命周期数据管理，更需要进一步用数据驱动业务，发挥数据的价值。通过利用先进的信息化技术手段，建设安徽省污染源自动监控设备巡查系统及预警平台，强力推进"三个全覆盖"，实现重点排污单位监管智慧化。

大数据比对、现场核查、数据整合三步到位，实现排污单位名录覆盖"全"；第三方巡查、企业自查、执法监督三措并举，实现自动监控设备精准"管"；污染源在线、预警平台、巡查系统三位一体，实现数据平台系统交互"畅"。

利用数视图端多种形式，说清企业排污现状，实现数据查阅从"去哪查"到"随便查"的方式转变；建设数据自动预警平台，监管任务不留死角，实现问题监管从"不好查"到"精准查"的管理转变；构建企业自主巡查体系，落实企业主体责任，实现排污企业从"我被查"到"我要查"的意识转变；简化三方单位巡查程序，提高精细监管能力，实现运维监管从"繁琐查"到"简易查"的效能转变。

（四）应用案例："精准管控——智能化手段助力重金属企业监管"

厦门市集美区是重金属集控区，辖区有 51 家涉重金属工业企业。建设完成涉重金属企业监管模块，创新采用涉重金属工业企业全过程监管理念，借助"互联网+"及多种物联网设备实时监测，引入企业生产模式分析、气体水质黑度分析、证据采集同步司法存证（全国首创应用）等技术，可以实现对多家涉重金属企业的同步监控分析预警。模块包含监督管理、智能分析、企业管理、环境舆情等 14 项子功能。

涉重金属企业监管模块共接入物联网设备 1 502 个，其中，PH 计 40 个，RFID 标签 600 个，流量计 22 个，电流互感器 384 个，网络摄像机 123 个，数据和信号采集器 333 个，将企业生产的关键点位和末端排放的信息都纳入监管。

厦门市涉重金属监管模块，对重金属工业企业的中间生产过程及末端排放、危废管理等提供了智能化的实时监管和预警，充分考虑企业实际生产情况，对不同企业定制个性化的预警规则，933 条预警规则是重金属工业企业经过长时间积累下来的准确规则，有效保证了预警信息的及时、有效。

模块以环境问题为导向，通过人防和技防相结合的方式，对"问题收集—分类分级—问题甄别—指挥调度—任务追踪—问题关闭"的全流程进行管理，实现环境问题的集中汇集与统一调度。模块与生态环境监测网络及智能分析预警系统无缝衔接，及时发现环境问题，利用网络化环境监管管理机制，构建"横向到边、纵向到底"的环境监管体系，提升环境监管效率。

三、大数据推进生态环境监测智慧化

（一）青海省生态环境监测大数据平台

青海省是国家重要生态功能区和生态安全屏障，生态环境敏感且脆弱。目前青海省的生态保护划分为 5 个生态板块，分布多个自然保护区和多个国家公园。基于大数据管理平台的数据支撑，建立针对各类环境要素和管理对象的监测大数据应用。在资源规划和数据汇聚的基础上，构建"一张网、一平台、N 应用、一张图"，为生态环境监管、社会公众和企业、相关其他政府部门提供数据共享服务。

为全面、及时、准确地监测和评价生态环境概况，生态环境厅全面开展天空地一体化的监测，对青海全区进行及时的生态环境质量监测和评估，并依托大数据平台实现对各类监测数据的接入整合和管理。在天空地一体化监测的基础上，大数据平台通过整合一站式监测综合分析等数据，实现对生态环境的整体状况进行及时的评估，以体现各区域生态状况的变化趋势。

大数据平台按照"大平台、大整合、高共享"的集约化建设思路，围绕生态环境主题，整合汇聚了来自生态环境及相关厅局的业务数据、物联网及互联网等数据。在充分整合各类监测数据的基础上，利用大数据的对比分析，结合卫星遥感数据、生态红线、自然保护区等重点生态功能区域数据，定期智能识别可能的违法违规人类活动。通过结合线下的核查进行跟踪排查和处理，实现对生态环境的智能监管。同时，结合三线一单生态环境管控空间的划分，整合环境准入要求，对新建项目或工业园区的空间布局合规性等进行智能判别，从而加强环境准入的控制，确保国土空间安全。

（二）内蒙古自治区生态环境监测大数据平台

结合自治区生态环境厅对生态环境保护工作的业务需求，依托生态环境大数据建设成果，经过四年的建设，内蒙古自治区生态环境大数据建设项目初步构建了一中心、一平台、N 应用的生态环境大数据体系。项目加强了监测数据采集汇聚和治理融合，建设了监测全维时空展示应用，实现了环境状况"一张图"、监测业务"一张图"、要素专题"一张图"、可视化综合查询；实现了入河排污口监管应用和监测数据专题服务，提升了生态环境监测数据的使用效率和应用深度，为生态环境重点业务开展提供支撑。

目前，平台通过对大数据的规划、汇聚和管理，可辅助完成大气污染防治、水环境污染防治、"一湖两海"流域污染防治、重点流域断面水质污染补偿管理、中蒙俄经济走廊生态环保大数据服务、互联网＋政务服务等工作。此外，平台还可提供可视化的门户功能，能快速定制各类专题、分级管理体系、业务流程和属于自己的门户，打通了公文系统、综合办公平台、外网门户网站，实现了政务信息共享，消除了数字独岛，有效助力了业务协同和数据共享。

尽管平台在资源汇聚共享、业务协同和决策管理模式等方面做了许多优化，但仍在污染防治决策上缺乏大数据创新应用的支撑，数据资源汇聚治理能力不足，数据安全保障体系也不够健全。生态环境大数据建设项目未来将继续落实国家大数据战略和自治区大数据发展总体规划，以改善环境质量为核心，推进生态环境大数据的建设和应用，在"十四五"期间进一步提升大数据基础设施保障能力、汇聚治理服务能力、协同监管应用能力、综合决策支持能力和惠民惠企服务能力，支撑生态环境治理体系和治理能力现代化。

四、大数据助推治理能力现代化

（一）江苏省生态环境大数据平台建设

1. 基础建设

江苏省生态环境厅围绕"系统整合、数据共享"，主动开展大数据建设相关工作，积极推动省级生态环境数据资源归集共享、地方生态环境数据资源归集、提升横向部门数据交换能力等一系列工作，筑牢大数据平台建设基础。一是横向做好数据打通。初步完成全厅生态环境质量、自然生态环境、污染源管理、生态环境管理、核与辐射安全管理、生态环境政务、外部数据及其他等8类215项数据资源的归集工作，初步形成了生态环境为主，外部数据为辅的生态环境数据资源体系，相关数据已广泛应用于各类环境管理领域。二是纵向做好地方数据归集。在做好厅本级数据归集基础上，按照地区特色，分别选定无锡、苏州、泰州、宿迁、江阴等地区开展地方生态环境数据资源归集共享试点。初步实现全省试点地区生态环境数据资源互联互通。三是不断提升数据交换共享能力。编制印发《江苏省生态环境数据资源交换共享实施规范》，在全省统一数据交换共享的技术方法，初步搭建一套标准规范体系。对内，打通厅各处室间的数据共享交换通道；对上，实现与生态环境部数据交换共享；横向，实现与省大数据中心交换共享。

2. 实践应用

江苏生态环境大数据平台，通过"一个库、一张网、一套数、一张图、一个门户"集中展示各类环境监测数据、污染源监控数据以及环境业务管理数据，通过打通环境监管全流程数据、开展综合分析不断提升全省生态环境治理能力和治理水平。平台主要建设了"监测""监控""执法""执纪"四个子平台，并同步建设了大数据APP，范围基本涵盖环境管理业务的全流程。

其中，"监测"方面，围绕"碧水保卫战、蓝天保卫战、净土保卫战"三大攻坚战，共整合全省104个国考断面、380个省考断面、641个水质自动站（323

个已实现省级联网）、130 个饮用水源地、78 个海洋环境监测点、234 个大气自动监测站及 16621 个土壤详查点位信息，可动态查询水、大气、海洋、土壤等各要素信息，实时分析大气、水环境质量状况、查看目标差距、进行趋势预测。

"监控"方面，初步整合全省 1 979 家国控污染源、3.9 万家排污许可监管企业的监管信息以及全省 15 万家企业的"一企一档"信息，（包含散、乱、污）并实现污染源行业分布分析、污染物排放量分析以及实时监控数据分析等功能，为进一步提升环境监控能力打下基础。在做好监测、监控相关数据整合基础上，大数据平台着力强化监测监控数据的应用。

在"执法"方面，通过整合污染源监控数据，建成"全覆盖、全联网、全使用"的移动执法平台，实现行政执法全公示、执法过程全记录。通过现场执法"八步法"规范流程，统一了执法尺度，便于执法人员精准裁量。

在"执纪"方面，将污染源监管问题线索推送至省污染防治综合监管平台。通过"五个全"加强责任监督：一是"线索全收集"，通过问题线索，可以查看全部问题线索清单，涵盖环保督察"回头看"问题、上级交办线索、日常检查线索以及群众投诉举报等问题（主要包含了 12345、12369、全国环保微信半报、263 热线和专栏等），实现了一体交办、"一网打尽"。二是"部门全覆盖"，将具有生态环境保护法定监管职责的部门全部纳入其中，目前已经实现与 14 个部门的联通（1+14），可以查看各部门问题线索的办理情况。三是"处置全公开"，每一个环节都明确具体的责任人、整改时限和目标，做到提醒催办、实时跟踪、动态反馈。四是"预警全过程"，设定自动预警机制，对线索处置不及时、执法监管不规范、环境质量不达标等情况，都能够 24 小时监察预警，督促加快问题解决。五是"监督全方位"，纪委监委全程介入，及时发现和处理失职渎职行为。

（二）吉林省"三线一单"综合信息管理平台

1. 系统简介

吉林省"三线一单"综合信息管理平台以改善环境质量、服务战略环评为核心，将生态保护红线、环境质量底线、资源利用上线落实到不同的环境管控单元，并建立环境准入负面清单的环境分区管控体系，利用"三线一单"数据与污染源、建设项目、行政区划的匹配与综合分析，指导区域规划、项目选址、项目准入工作，推动生态环境保护管理系统化、科学化、法治化、精细化、信息化发展。

2. 平台建设框架

吉林省"三线一单"综合信息管理平台按照"共享平台+模块化系统"建设思想进行框架设计，依托统一的环境信息标准规范体系、信息化运维管理体系和信息化安全保障体系，基础软硬件支撑平台，考虑与现有系统平台集成对接，沿用已有的信息化成果，将新的功能模块构建在新的底层应用框架上，实现数据共享。

3. 系统功能

（1）数据库建设。

构建"三线一单"数据库群，按照"三线一单"数据共享与应用系统建设目标，设计与建设"三线一单"数据库，实现对全省"三线一单"数据集中进行加工、整合和入库。构建"三线一单"数据库，包括"三线一单"基础数据库、成果数据库、环保业务数据库、空间数据库等。按三类维度梳理成果数据库目录，支撑应用系统功能实现。

（2）数据成果查询展示。

平台基于数据资源目录、"三线一单"成果目录和环保业务数据，提供各类数据的综合查询和可视化展示功能。将吉林省的数据成果通过一张图进行展示，支持多条件自定义组合的高效模糊查询，可以查看吉林省26个图层的数据成果展示，以及进行自定义组合的多图层展示，可以查看每个管控单元的信息，以及管控单元在图层上的位置信息和详细管控要求等信息。

（3）智能研判分析。

强化源头预防和过程监管，推进战略和规划环评落地、空间规划和国土空间格局的优化，为战略和规划环评落地以及项目环评管理提供依据和支撑，为其他环境管理工作提供决策支持。智能审批项目是否符合"三线一单"管控要求（也就是项目准入）需要满足：空间布局约束、污染排放管控、环境风险管控和资源开发效率管控。主要包括空间冲突分析、项目准入分析和项目选址分析三大功能。

（4）数据成果交换。

实现与生态环境部交换"三线一单"成果数据，与各委办厅局、各地市生态环境局进行数据共享交换，与厅内建设项目环评审批、环境监察执法、排污许可证管理等业务系统实现有机衔接，支持业务化运行，实现数据的共享。

4.系统特点

（1）全面摸清全省环境底数。

吉林省"三线一单"综合信息管理平台开发及智能应用的建立，有助于摸清全省范围内的重要自然资源及生态红线分布，明确环境质量底线和环境影响负面清单，有助于环境管理部门在此基础之上，有针对性地对某些重要的自然资源及生态红线区进行保护，便于以环境质量为导向统筹整个区域的建设项目及污染源管理。

（2）数据统一归集展示及应用。

吉林省"三线一单"综合信息管理平台开发及智能应用实现了区域范围内环境质量底线、资源利用上线、生态保护红线、环境负面清单等数据的统一归集展示及应用，避免了多源数据降低系统可用性的问题，同时也便于打通省市县及横向政府职能部门，使"三线一单"大数据得以在更多应用场景下得到利用，充分挖掘数据的价值。

（3）提高环境管理决策能力。

吉林省"三线一单"综合信息管理平台开发及智能应用的综合分析模块可以利用大数据分析建设项目选址合理性与准入条件相符性，并关联环境质量数据与污染源数据，为区域环境规划、规划环评、建设项目环评提供大数据视角下的科学分析结论，实现了"三线一单"成果数据与环境业务深度融合，为环评审批、战略规划提供了决策依据，便捷地解决了分析建设项目能不能建、建在哪里、应该如何建设的问题，提高了环境管理部门的决策能力。

（4）部省统筹、标准一致。

平台采用生态环境部"三线一单"成果校验工具对进入平台的"三线一单"成果数据进行校验，及时发现存在的问题数据，并提供成果校验报告，可供"三线一单"成果编制人员进行修订，保障与生态环境部"三线一单"成果要求一致性。

思考题

1. 简述我国生态环境监测的基本现状。

2. 生态环境监测大数据建设的意义有哪些？

3. 生态环境监测大数据应用前景是什么？

4. 如何对生态环境监测大数据平台方案进行设计？

第六章　大数据在海洋的应用研究

导学：

大数据技术在海洋领域的应用正日益成为海洋科学研究和管理决策的重要支撑。海洋作为一个极其复杂的自然系统，涉及海洋物理、化学、生物、地质等多个学科，产生海量的观测数据和模拟结果。大数据技术的应用，使得对这些数据的存储、处理、分析和可视化成为可能，为海洋环境监测、资源开发、灾害预警、生态保护等提供了新的技术手段。通过大数据分析，研究人员能够更深入地理解海洋现象，预测海洋变化趋势，为海洋政策制定和海洋经济活动开展提供科学依据。同时，大数据还能帮助优化海洋资源的利用效率，推动海洋经济的可持续发展。然而，海洋大数据的应用也面临着数据获取困难、数据质量参差不齐、分析模型和算法需要进一步研究等挑战。

学习目标：

1. 掌握海洋信息化的内涵和意义；

2. 了解大数据环境下海洋发展的进程；

3. 了解大数据技术在海洋中的应用方向。

第一节　大数据环境下海洋的发展

一、海洋信息化内涵和意义

（一）海洋信息化内涵

海洋信息化是国家信息化的重要组成部分，也是我国海洋事业发展的重要内容。海洋信息化是在统一的领导和组织下，在海洋开发、规划、管理、保护和合理利用等各项工作中应用现代信息技术，深入开发和广泛利用各类信息资源，最大限度发挥海洋信息在海洋经济和海洋事业发展中的基础性、公益性和战略性作用，加速实现海洋事业发展现代化的进程。

海洋信息化是信息化在海洋领域中的具体应用和实施。当代，信息化概念已经得到了广泛认同和使用，信息化既是一个技术的进程，又是一个社会的进程。抛开社会层次，从技术层面看，信息化的首要问题是信息的数字化。所以海洋信息化首先是海洋信息的数字化，其结果使得在物理世界之外，又产生了一个数字世界或虚拟世界。从这个角度看，海洋信息化可以理解为将海洋物理世界通过数字映射变换为海洋数字世界，再通过信息服务的形式提供所需的信息、内容和知识，使其为海洋物理世界的活动或开发服务；或者用以研究和反映其所代表的海洋物理世界，以便提供认识和改造海洋物理世界的技术和工具。当然，这个过程同样离不开信息技术的支持。

我国的海洋信息化是在国家信息化统一规划和组织下，逐步建立起由海洋信息源、信息传输与服务网络、信息技术、信息标准与政策、信息管理机制、信息人才等构成的国家海洋信息化体系；利用日趋成熟的海洋信息采集技术、管理技术、处理分析技术、产品制作和服务技术等，建立以海洋信息应用为驱动的海洋信息流通体系和更新体系，使海洋信息的采集、处理、管理和服务业务走向一条健康、顺畅、正规的发展道路，逐步实现国家海洋信息资源的科学化管理与应用。

随着我国海洋事业的快速发展，海洋信息的基础性作用日益突出，因此，海洋信息化建设为海洋事业的快速发展提供了强有力的支撑，实现信息化是党的十六大提出的覆盖我国现代化建设全局的战略任务。海洋信息化工作是国家海洋经济发展的需求和国家海洋管理的需要，它不仅是推动我国海洋管理科学化和现代化的重要手段，也是实施我国海洋可持续发展战略的可靠信息保障和技术支撑。

（二）海洋信息化的任务

1. 海洋信息的数字化

将历史与现实的、不同信息源的、不同载体的各类海洋信息进行数字化处理，形成以海洋基础地理、海洋生物、海洋物理、海洋化学、海洋环境、海洋资源、海洋经济、海洋管理等为主题的数字化海洋信息和海洋数据库，为海洋信息服务提供数据基础和支撑。

2. 海洋信息的网络化

海洋信息数字化是为海洋领域的研究和开发活动服务的，只有实现了海洋信息的共享才能达到此目的。而要实现海洋信息的共享，必须通过海洋信息的网络化。这包括两部分内容，一是海洋网络基础设施的建设，包括海洋信息实时采集网络（传感器网）、信息传输网络、移动通信网络、海洋执法专网等；二是海洋信息的网络化实施，包括海洋信息的传输、处理和共享。

3. 海洋政务系统的业务化

海洋政务系统包括对与海洋相关的政府职能部门的海洋管理、行政审批、执法监察、海洋安全保障、相关决策等业务进行开发和整合的海洋信息管理系统、海洋决策支持系统等，作用是支撑实现海洋政务系统的业务化运行。

4. 海洋信息服务的社会化

在海洋信息的数字化和网络化的基础上，研制海洋基础性、公益性信息资源产品，研发面向社会公众、面向行业用户、面向市场的海洋信息服务系统，实现海洋服务的社会化，以促进海洋信息产业化进程，实现社会共享。

5. 海洋信息软环境的配套化

海洋信息化软环境具体包括信息化相关的法规制度、标准规范、人才队伍、技术储备等。海洋信息软环境建设是海洋信息化建设的重要任务之一，对海洋信息化进程起着关键的保障作用，所以需要进行海洋信息化配套的相关制度、信息标准、人才队伍、信息安全管理等软环境建设。

6. 海洋资源开发的透明化和绿色化

因为生存环境的恶劣和资源的缺乏，人类将目光投向海洋，因此海洋资源的开发和利用不能重走陆地资源盲目开发、掠夺性开发的老路。海洋资源开发和利用要做到透明化的集约规划开发、可持续性绿色开发，这不仅是海洋信息化的目的，也是海洋信息化的任务。

7.海洋信息服务的智能化

随着 IT（Information Technology）、智能系统、物联网、云计算、大数据、人工智能等技术的发展，海洋信息化的网络环境会不断完善、海洋数据不断积累、模型的准确性不断提升，海洋实体空间与对应虚拟空间的深度交互与融合将成为必然，从而使"虚实融合"的海洋信息化体系进一步朝着智能化的方向发展，智能化是海洋信息化的终极任务和目标。

（三）海洋信息化的意义

海洋信息化是海洋自身特点对信息化发展的需求，是国家海洋战略对信息化发展的需求，是信息时代背景下海洋领域的发展潮流和必然趋势。海洋信息化的作用总体包括两方面：海洋信息化是管理和利用海洋的基础支撑和优化；海洋信息化对海洋事业发展起到先导、催化和增值作用。

海洋信息化作为国家信息化的重要基础，已在开发和利用海洋信息资源、促进海洋信息交流与共享、提升海洋各项工作效率和效益的过程中发挥着重要的作用。海洋信息化本身已不再只是一种手段，而成为营造良好的海洋信息交流与共享平台的目标和路径。加强海洋信息化建设可增强海洋软实力，发挥信息在海洋环境认知、海洋事务管理、海洋资源开发、海洋活动保障以及海洋战略决策等多方面的作用。

海洋信息化是海洋开发、管理的一项重要工作，是推动海洋事业发展的重要举措。其通过各种信息渠道，多种形式多层面地向政府、行业部门、涉海公众全方位提供海洋信息咨询、海洋数据共享、海洋灾害预警、海洋产品安全、海洋应急救助、海洋决策支持、涉海政策法规等相关服务。海洋信息网络平台项目的实施已成为提升决策透明、优化投资环境、服务海洋经济的重要一环，海洋信息化技术的应用对沿海地市科学管海、合理用海有着重大意义。在当前国际形势下，海洋权益保护是我国的一项重要任务。海洋权益保护需要翔实的海洋信息和快速有效的信息处理能力，掌握极有说服力的海洋资源环境背景数据才能赢得主动；针对海上突发事件，必须有及时、精确的海洋信息获取系统和联动的快速响应维权系统的支持；国家安全和国防建设需要海洋环境信息系统的支撑，军事设施、海上航行和海上作战环境保障等方面需要大量的海洋历史观测资料、现场观测资料和信息产品。所以，海洋信息化对海洋权益保护具有特殊的意义和作用。

二、大数据环境下海洋发展的进程

（一）海洋信息化经历阶段

按照海洋信息化发展的阶段进行划分，结合海洋蓝色经济建设新时期的特征，可将我国海洋信息化发展划分为以下阶段。

1. 发起阶段

20世纪80年代之前海洋信息化兴起，此阶段主要开展对海洋调查和考察数据的抢救性保存，对涉海纸质材料的数字化，记录了第一批宝贵海洋资料。

2. 基础阶段

20世纪90年代为海洋信息化的基础阶段，在数据文档基础上依托商业化软件，开展专题数据库建设工作，陆续建立了海洋基础地理数据库、水深数据库等一批专题数据库，较好地解决了海量海洋数据的检索和共享使用问题，为海洋信息化工作打下了良好的基础。

3. 能力建设阶段

20世纪末为海洋信息化能力建设阶段，依托涉海项目的实施，以专题数据库为支持，建立了海洋信息系统及各子系统，实现了软硬件设备的升级换代，培养了一批信息化技术人员，使海洋信息工作在基础设施能力、信息系统开发经验和信息化人才队伍建设等方面上了一个台阶，实现了一次质的飞跃。

4. 应用开发阶段

21世纪初为海洋信息化的应用开发阶段，海洋信息化成果初步显现，开发的专题应用系统在海洋划界、海洋功能区划、海洋经济统计、海域使用管理、海洋环境监测、海洋预报等业务领域发挥了积极的作用。同时，制定了一系列信息化标准规范，培养了一大批信息化人才，为海洋信息化实现跨越式发展聚集了力量。

5. 大发展阶段

2016年至今为海洋信息化的大发展阶段，海洋信息基础设施基本完善，实现了全国网络的互联互通；海洋信息获取技术得到飞速发展，海洋观测卫星逐步增多，建立了基本覆盖我国海域范围的浮标观测网络；随着智慧城市的发展，海洋信息化逐步由基础设施建设、基本体系构建逐步向智慧化阶段发展。

6. 全面智能化阶段

随着智慧城市的初见成效，智慧城市的成熟技术和经验被逐步应用到海洋信息化中；随着物联网、云计算、大数据处理技术的逐步成熟，其在海洋信息化领域不断深入应用；随着人工智能的兴起和在各领域的全面应用，在深度学习、大数据挖掘、人工智能等相关技术的支持下，海洋信息化将逐步向全新的全面智能化阶段发展。

（二）海洋信息化现状

海洋信息化从兴起到现在经历了几十年的发展，到目前，信息基础设施已经基本建成。在海洋信息获取技术和手段方面，也取得长足进步，我国已成功发射 3 颗 HY 系列卫星，岸基观测台站、高频地波雷达、水下机器人、锚系 / 漂流浮标、短波通信、北斗通信、水下光纤通信等一批关键技术和设备取得技术突破，无人机、无人艇等新型装备逐步投入应用；"'一带一路'空间信息走廊"和"海底长期科学观测系统"将分别从太空和海底两个空间维度增强我国海洋信息获取能力。

海洋信息处理、管理和服务水平得到了较大的提高。海洋数据处理方面已经能开展常规海洋环境观测数据和诸如 CTD（Conductance Temperature Depth，温盐深仪）、ADCP（Acoustic Doppler Current Profilers，声学多普勒流速剖面仪）和海洋卫星遥感等高分辨率观测仪器所获取的海洋数据的处理和质量控制，初步建立了海洋环境要素基础数据库和我国海域小比例尺的海洋地理基础数据库；海洋基础数据信息产品开发和服务能力得到了提高，特别是多元化海洋数据同化和海洋数值再分析产品研究开发技术已经取得了较快的发展；数据共享方面，通过国家海洋局政府网站、中国海洋信息网和其他一些海洋信息专题网站发布的海洋基础信息及其产品信息，海洋电子政务信息，海洋管理和公益服务信息基本可以满足海洋发展和社会的需求。

海洋信息化支撑软环境建设取得了一定成果。随着国家不断加大对海洋事业的投入，海洋的信息化建设也进入高速发展的黄金时期，国家和沿海省（自治区、直辖市）先后出台了一系列海洋信息化建设的发展规划，分别从数值预报、渔业应用、环境监测等多个方面为海洋信息化建设提供了政策保障。涉海的相关标准也在逐步完善中，构建了海洋信息化标准体系框架，制定了数据管理、信息共享、信息化管理等方面的部分相关标准。

（三）海洋信息化的进展

21世纪是海洋世纪，海洋资源的开发和利用已经成为沿海国家解决陆地资源日渐枯竭的主要出路之一。近几年来，全球性的海洋开发利用热潮推动了我国研究、开发和利用海洋的步伐，由此带动了对高质量海洋信息广泛和迫切的需求。相应地，海洋信息化进程加快，海洋信息化建设在许多方面有了长足发展：海洋电子政务工程建设进展顺利，中国近海数字海洋信息基础框架建设正式启动，国家海洋局政府网站、中国海洋信息网、各海洋专题服务网站建设不断完善，海洋综合管理信息系统建设继续深化拓展，海洋运输、港口、渔业、石油等相关行业和领域的信息化工作飞速发展，沿海省市海洋信息化工作也有了长足进步，基本满足国家海洋权益维护、海洋资源开发利用、海洋环境保护等需求。具体进展情况如下：

1. 国家海洋信息化规划的完善

根据国家信息化的统一部署和海洋事业发展的需要，修改并继续完善了《国家海洋信息化规划》，制定了国家海洋信息化的中长期目标，目标的具体内容是：建立健全海洋信息化管理机制；建成面向海洋管理和服务主题的多级信息平台；建立起高速、大容量和统一的信息交换网络系统；建设结构完整、功能齐全、技术先进、标准统一，并适应海洋事业发展要求的海洋信息化应用服务体系；提升海洋管理决策和公共服务的能力，满足国家海洋权益维护、海洋资源开发利用、海洋环境保护的需求，全面实现海洋信息化，促进我国海洋事业的快速发展。

2. 海洋信息获取、处理能力和技术的提高

近几年来，我国海洋信息获取手段已有质的飞跃，信息获取能力进一步加强，初步形成了由海洋卫星、飞机、调查船、岸基监测站、浮标和志愿船等组

成的海洋环境立体监测系统，海洋动力环境观测和监测技术、海洋生态环境要素监测技术、海洋水下环境监测技术、海洋遥感技术等一批海洋数据获取技术取得了新的突破，海洋信息处理水平有了新的提高，具备了海洋信息实时、准确、安全传输的能力。

3. 多级海洋信息业务体系初步形成

在国家海洋信息化工作的统一规划下，通过构建沿海省市海洋信息管理与服务体系，沿海省市海洋信息化工作发展迅速。启动并完成了山东、广东等省的海洋信息联建共建工作，通过国家与地方共建联建等方式，建设沿海省市海洋信息中心，形成以国家级中心为枢纽、各沿海省市中心为基础的海洋信息管理服务体系，促进国家和地方海洋信息的互联互通和共享，满足国家和地方政府履行海洋管理职能对海洋信息服务的需求；形成了覆盖国家涉海部门与沿海省、市、区的海洋经济统一体系，并初步建立了海洋信息多级管理、服务、运行机制，为地方海洋机构提供了有效的海洋信息业务服务。

4. 基础性海洋信息工作进一步加强

近几年来，在国家重点科技攻关计划、国家重大基础性研究计划项目、国家自然科学基金及海洋"863"国家高技术研究发展计划、海洋勘测专项计划及科技兴海等一批重大的研究和开发项目的推动下，在海洋资料管理与服务、海洋信息系统网络建设与管理、海洋情报服务、海洋文献服务以及海洋档案管理等传统的信息服务领域方面均取得了突破性和跨越式的发展，初步建立了海洋空间数据协调、管理与分发体系，并开展海洋信息元数据网络服务工程建设。

5. 国家海洋综合管理信息系统的建设完善

根据我国海洋管理工作的实际需求，正在进行统筹规划、建设、完善并整合面向四个海洋管理业务的信息系统，逐步形成标准、数据、平台相统一的业务化运行海洋管理信息系统，满足海洋管理等多方面工作需要。四个海洋管理业务信息系统分别是：海洋环境保护综合管理信息系统在原有基础上，完善系统功能，扩充信息量。海域管理综合信息系统对全国海洋功能区划管理信息系统、省际海域勘界信息系统、海域使用管理信息系统等专题系统进行整合，规划设计海岛海岸带、海籍管理等业务功能。海洋权益综合信息系统在现有海洋划界计算机总体支持系统的基础上，重新规划设计涵盖海洋划界决策支持、权益管理以及国际合作等管理业务功能。海洋执法监察综合信息系统针对地方省市需求，开展海洋执法业务示范系统建设工作。

6. 海洋信息化工程标准体系的构建

海洋信息化标准体系和共享分类体系的规划与建设在国家相关电子政务标准体系框架的原则指导下进行，在总体标准、应用标准、应用支撑标准、信息安全标准、网络基础设施标准和管理标准等方面，研究在海洋信息领域的具体应用。海洋信息化标准体系建设包括制定海洋信息分类与编码、海洋信息交换标准格式、海洋信息数据处理和质量控制标准、海洋信息元数据标准、海洋资源和环境要素分类体系与编码及其图示图例规范、海洋资源和环境图制图标准等标准与规范。海洋信息管理和共享分类体系建设包括制定海洋信息共享服务管理办法、海洋信息共享权限与服务方法、共享数据安全分类分级管理办法、海洋资源与地理空间信息库管理办法、信息库运行标准规范和管理办法、信息库数据更新与维护规范、数字档案管理规范等。

7. 海洋信息化的推动和发展

重大海洋信息化相关项目的启动，提高了海洋信息化业务的专题支撑保障能力与技术创新水平，加大了海洋信息化工作的投入力度，推动了海洋信息化工作向纵深发展：完成了海洋科学数据共享工程的建设；完成了海洋自然资源与地理空间基础信息库建设，形成标准数据产品库；完成了海洋信息交换系统、网络系统、安全系统和元数据库建设；完成了海洋标准信息产品加工等规范及相关管理办法，制定、运行管理培训等基础性工作。中国近海数字海洋信息基础框架构建方面，构建了我国近海数字海洋数据基础平台，制定了相关政策法规及标准规范，建立起多学科、多专业的数据库体系，实现了数据的整合改造和集成，制作了各类海洋信息产品。

8. 海洋信息国际交流与合作不断深入

近几年来，海洋信息领域国际合作范围和信息交换渠道进一步拓宽，我国参加了海洋学和海洋气象学联合技术委员会（JCOMM，The Joint WMO/IOC Technical Commission for Oceanography and Marine Meteorology）、东北亚海洋观测系统（NEAR-GOOS，North-East Asian Regional-Global Ocean Observing System）、国际海洋资料和情报交换委员会（IODE，International Oceanographic Data Exchange）、地转海洋学实时观测阵（Argo，Array for Realtime Geostrophic Oceanography）等一系列国际海洋信息服务领域的合作项目。通过这些海洋信息领域的国际合作与技术交流，为国家获取了大量的海洋基础资料信息，拉近了与国际海洋信息技术发展的距离，进一步扩大了我国的国际影响，确保我国获得最大的资料共享权益和海洋信息高新技术。

9. 海洋信息安全工作不断加强

国家海洋局建立了海洋信息化数据安全和网络安全机制，正式发布了《海洋赤潮信息管理暂行规定》《海域勘界档案管理规定》，正在编制完善网络管理技术规范与管理办法等相关海洋信息安全管理规定，根据不同需要建立了内外网间网络防火墙系统和网络病毒防范系统，为网络系统业务运行提供了安全机制保障。

三、智慧海洋和透明海洋

（一）从智慧地球到智慧海洋

智慧地球是人类应对全球危机、改善全球状况的思考和思考之后的战略。随着经济的发展和人口持续增长，人类面临着"人口过度""资源紧缺""环境恶化""灾害频发"等问题，要解决以上四类问题，急需一种智能有序的方法来管理、运行和利用地球。在此基础上，智慧地球呼之欲出。

智慧海洋是智慧地球的一个分支，是智慧地球在海洋领域的具体实施。智慧海洋是"海洋工业化＋海洋信息化"深度融合的发展模式，也是"互联网＋"时代的海洋形态，更是日趋成熟的陆地智慧产业（如智慧城市、智慧交通、智慧医疗等）向海洋领域的拓展。智慧海洋依托先进的电子信息、网络通信以及海洋装备相关技术，将实现对海洋的立体全面感知、广泛互联互通、海量数据共享，形成包括智慧航运、智慧港口、智慧渔业等多种智能化服务在内的智慧海洋信息服务产业。智慧海洋是以完善的海洋信息采集与传输体系为基础，以构建自主安全可控的海洋云环境为支撑，将海洋权益、管控、开发三大领域的装备和活动进行体系整合，运用工业大数据和互联网大数据技术，实现海洋资源共享和海洋活动协同。智慧海洋是全面提升经略海洋能力的整体解决方案。

（二）智慧海洋建设的可行性

建设智慧海洋是转变海洋管理与开发方式、提升海洋经济发展质量的客观要求。智慧海洋是一个复杂的、相互作用的系统。在这个系统中，信息技术与其他资源要素优化配置并共同发生作用，促使海洋管理与开发更加智慧地运行。智慧海洋建设以信息技术应用为主线，必然涉及以物联网、云计算、移动互联和大数据等新兴热点技术为核心和代表的信息技术的创新应用。智慧海洋力求通过信息技术与传统海洋技术和方法相结合，提高各项海洋活动的效率、智能性和安全性。

我国建设数字海洋具有可行性，体现在以下几个方面。

1. 雄厚的基础设施

我国近几年经过数字城市、数字海洋、海洋信息化的发展，信息产业发展势头强劲，信息基础设施已经较完备，物联网相关领域积累了一定的基础设施；海洋观测设施也取得了长足的发展，包括海洋卫星、海洋浮标、海洋观测仪器研发等也积累了一定基础。

2. 坚实的技术基础

我国现阶段已经在云计算、物联网、大数据等方面奠定了坚实的技术基础，多年来智慧城市的建设成果也为智慧海洋积累了技术基础；在信息软件方面开发了一大批信息管理系统，海洋信息管理系统也初具规模；支撑技术方面，包括信息化相关标准、法规政策、人才储备都具有良好的基础，可以为全面建设智慧海洋提供强有力的支撑。

3. 丰富的建设经验

全国的智慧城市建设示范工程，数字海洋建设示范项目，各行业的智慧系统，包括公共安全应急指挥系统、智慧电子政务系统、智慧社区、智慧交通、智慧医疗、智慧家庭的建设与研发都为智慧海洋实施和建设提供了丰富的经验。

4. 强劲的科技支撑力

从科技支撑方面看，我们国家拥有众多掌握先进信息技术和智能系统理论的高等院校、研究所，具有科技优势；拥有研发海洋仪器设备、无人潜艇、海洋机器人的部门和企业，具有应用技术优势。国家"863"计划、"973"计划、海洋公益专项等海洋科研项目，必然激发强劲的科技创新能力。

5. 巨大的社会需求

全世界正在由陆地转向海洋，蓝色经济建设正积极开展，信息技术的发展，特别是人工智能在各个领域的深入应用，使智慧海洋建设成为社会发展的必然。我们国家海洋权益的维护、海洋环境的保护、海洋资源的开发利用、海洋生态的研究、海洋军事建设、海洋信息服务等方方面面对智慧海洋都有着强烈的社会需求。

6. 强大的综合经济实力

我国国内生产总值位居世界前列，国家综合实力日益增强，可以为智慧海洋建设提供经济支持；国家海洋局、国家海监局、国家海洋研究所、海洋渔业部门等涉海部门都会以不同的形式给予海洋研究和海洋信息化以资金投入，这都为进一步的智慧海洋建设提供了经济基础。

（三）透明海洋的提出和意义

1. 透明海洋的提出

透明海洋从根本上讲就是构建海洋观测体系，支撑海洋的过程与机理研究，进一步预测未来海洋的变化，从而实现海洋状态"透明"、过程"透明"和变化"透明"。透明海洋是在数字海洋的基础上提出来的，是一种海洋工程构想，是针对我国南海、西太平洋和东印度洋，实时或准实时获取和评估不同空间尺度的海洋环境信息，研究多尺度变化及气候资源效应机理，进一步预测未来特定一段时间内海洋环境、气候及资源的时空变化。透明海洋是由数字海洋向海洋环境信息应用迈出的重要一步，将大幅提升我国认知海洋的能力。然而认知海洋只是基础，经略海洋才是目标，如何充分利用透明海洋所提供的信息提升经略海洋的能力则属于智慧海洋的范畴。

透明海洋概念的提出有着非常深刻的时代背景。随着全球环境恶化、气候变暖、海灾频发等问题的日益突出，海洋的战略意义又在关系全球可持续发展的环境、气候等重大问题上得到了进一步的体现。海洋可持续发展带给人类的一个重大科学问题就是：在全球变化背景下海洋环境多尺度变化及气候资源效应预测问题。要解决这一重大科学问题，需要将海洋变成透明海洋。海洋是解决人类社会面临的资源、环境和气候三大问题的关键，海洋价值的充分实现，首先需要人们依靠科技手段实现对海洋的了解和认知。认知海洋就是要使海洋"透明化"，利用先进的科技手段对海洋资源、环境进行立体观测和探测，对变化状态做出科学预测，较全面准确地掌握海洋资源、环境和气候等方面的动态变化信息，在此基础上实现对海洋资源的合理开发，对海洋资源、环境、气候变化状态的科学预测预报。基于这样的战略考量，透明海洋的概念也就应运而生，透明海洋建设开始从概念走向实践。

2. 透明海洋的意义

透明海洋的提出和实施，其意义在于以下方面：加快提升海洋观测技术与装备自主创新能力；加速立体化海洋观测系统建设；推进重大海洋科学问题研究；助力国家战略实施和海洋发展；提高海洋观测科技领域国际竞争力；支撑和促进智慧海洋实施和发展。

透明海洋的本质是构建我国海洋观测体系，为海洋数据的实时／准实时获取提供技术支持。透明海洋的实施必然建成我国海洋全方位的智能立体观测网，必然实现我国海洋环境的实时动态观测，必然为我国海洋研究、管理和开发积累综合海洋数据。

智慧海洋是海洋信息化的最高阶段，其核心内容是对海洋地理空间数据的实时获取、智能化处理，为海洋政府部门、海洋军事部门、涉海行业部门、公众提供智能化的服务，以实现海洋的集约、绿色、可持续发展。透明海洋所构建的海洋观测体系本身就是智慧海洋建设的一部分，透明海洋所积累的数据为智慧海洋提供了丰富的数据资源，所以透明海洋作为海洋信息化的阶段工程，必将支撑和促进海洋信息化高级阶段 —— 智慧海洋的实施和发展。

第二节　大数据技术在海洋中的应用

一、在海洋生态环境监测中的应用

海洋生态环境是海洋生物生存和发展的基本条件，生态环境的任何改变都有可能导致生态系统和生物资源的变化。由于海洋生态环境在复杂的海洋动力下时空变化大，采用昂贵的调查船进行海洋生态环境实时监测几乎不大可能。随着遥感技术的发展，卫星已经应用于海洋环境因子的监测，同时显示出遥感具有大范围、多时相、高分辨率的特点，在海水温度、叶绿素、悬浮泥沙、黄色物质浓度和化学需氧量等监测方面能发挥重要的作用。

（一）海洋水质监测中的应用

快速的经济发展已经给海岸带和海洋造成巨大的环境压力，社会经济发展和环境恶化的矛盾日趋突出，海洋水环境问题已成为沿海经济发展的"瓶颈"。沿海污染物排海量剧增，使得邻近海域生态环境恶化，海域服务功能的下降与可持续利用能力的降低，已渐成为制约沿海地区经济进一步发展的重要因素。由于陆源性污染得不到有效控制和对海洋的掠夺性开发造成我国近岸水质恶化加剧，近岸海域污染严重，赤潮灾害多发，突发性事件的环境风险加剧，遥感以其大面积同步获取数据的优势，在沿海水质应用中具有巨大的应用潜力。

1. 海洋水质遥感监测方法

水质参数遥感监测主要依据被污染水体具有独特于清洁水体的光谱特征，这些光谱特征体现在其对特定波长的吸收或反射，能够为遥感器所捕获并在遥感影像上体现出来，通过分析水体吸收和散射太阳辐射能形成的光谱特征实现。随着对物质光谱特征研究的深入，遥感在水质指标中的研究应用从最初单纯的水域识别发展到对水质指标进行遥感监测和制图，监测的水质指标包括悬浮物含量、水体透明度、叶绿素 a 浓度、黄色物质、水中入射与出射光的垂直衰减系数等。利用不同物质之间的相关关系间接进行遥感分析，还可以获得溶解性有机碳（DOC）、溶解氧（DO）、化学需氧量（COD）、五日生化需氧量（BOD5）、总氮（TN）、总磷（TP）等水质参数以及一些综合污染指标，如营养状态指数等。随着遥感可监测指标的日益丰富，水质遥感监测成为常规水质监测中的一项重要手段，由单项指标的监测发展到对水质综合遥感评价，并且进入遥感水质监测的业务化阶段。

水质参数定量化遥感监测的方法主要有 3 种：物理方法、经验方法和半经验方法。物理方法是基于辐射传输理论，利用水体中各组分的特征吸收系数和后向散射系数，并通过各组分浓度与其特征吸收系数、后向散射系数相关联，反演水体中各组分浓度；经验方法是通过建立遥感数据与地面监测的水质参数值之间的统计关系外推水质参数值；半经验方法是将已知的水质参数光谱特征与统计模型相结合，选择最佳的波段或波段组合作为相关变量估算水质参数值的方法。

2. 海洋水质遥感评价方法

在海洋水质监测中，需要根据水质分类标准来对水体的质量做出评价。按照海域的不同使用功能和保护目标，将海水水质分为四类。根据分类的不同，各海域对应的水质标准也有不同。

（1）第一类。

适用于海洋渔业水域、海上自然保护区和珍稀濒危海洋生物保护区。

（2）第二类。

适用于水产养殖区、海水浴场、人体直接接触海水的海上运动或娱乐区以及与人类使用直接有关的工业用水区。

（3）第三类。

适用于一般工业用水区、滨海风景旅游区。

（4）第四类。

适用于海洋港口水域、海洋开发作业区。

水质评价即水环境质量评价，是按照评价目标，选择相应的水质参数、水质标准和计算方法，对水质的利用价值及水的处理要求做出评定。随着对海洋水体光谱特征研究的深入、遥感算法的改进以及卫星传感器技术的进步，遥感监测水质已从定性发展到定量，从最初单纯的水域识别发展到对遥感海洋水质指标进行评价。根据我国已经颁布的环境质量标准或国内外相应的环境质量标准，并在国内外同行专家认可的且已有应用实例的阈值基础上，确定遥感海洋水质评价标准。

（二）海洋缺氧区调查中的应用

缺氧（hypoxia）是指水环境中氧被大量消耗使氧含量处于较低水平的状态，不同学者给出了不同的指标定量值，使用较多的是定义水体中的溶解氧含量＜ 3.0mg/L 或者＜ 2.0mg/L 为缺氧状态。缺氧现象的存在和发展是水体的自然物理条件和富营养化共同作用的结果，当水体氧含量低至缺氧状态时，生态状况急剧恶化。缺氧区调查多采用原位检测的办法，而原位数据与遥感数据的结合有助于发挥两方面的优势，充分利用遥感技术的实时性强、效率高、时间连续性好、数据量大、观测范围广等优势来加深对缺氧区的理解。

（三）海洋生态环境评价中的应用

1. 海岸带生态系统与环境

海岸带生态系统包括沼泽、红树林、海草和珊瑚礁，具有高生产力，并且是各种各样的植物、鱼类、贝类和其他野生动植物的重要栖息地。例如，海岸带湿地能够防洪、防风暴灾害、过滤农业和工业废水提升水质和补给地下水。然而由于生活在海岸带的人口众多，从而给海岸带生态系统带来巨大压力，包括疏浚与填方、水文改造、排污、富营养化、蓄水以及被道路和沟渠的分割。海岸带风暴给环境带来的影响包括海滩侵蚀、湿地破坏、过度营养、藻花、缺氧和低氧、鱼类死亡、污染物释放、病原体传播以及珊瑚礁白化。

从长远来看，海岸带社区也面临海平面上升的威胁。未来 50 ～ 100 年中，海平面大幅上升和更频繁的风暴预报将影响沿海城镇和道路、沿海经济发展、海滩侵蚀控制策略，河口和地下蓄水层的盐度、沿海的排水与污水系统以及沿海湿地和珊瑚礁。沿海地区，例如障壁岛、海滩、湿地，对海平面上升尤为敏感。一次重大的台风灾害即可毁掉一个湿地。海平面的上升将使沿海洪水增强，加剧海滩、峭壁和湿地的侵蚀，还会威胁码头、防波堤、海港以及海滨财产。沿着障壁岛，海滨财产被洪水的侵蚀将更加严重，这将导致风暴来临时堤冲岸浪形成的可能性提高。

海岸带生态系统具有空间复杂性和时间多样性，要求时间、空间、光谱的分辨率都要高。传感器设计和数据处理技术的研究进展使得遥感更实用，能够

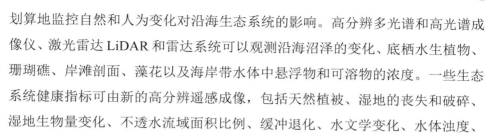

划算地监控自然和人为变化对沿海生态系统的影响。高分辨多光谱和高光谱成像仪、激光雷达 LiDAR 和雷达系统可以观测沿海沼泽的变化、底栖水生植物、珊瑚礁、岸滩剖面、藻花以及海岸带水体中悬浮物和可溶物的浓度。一些生态系统健康指标可由新的高分辨遥感成像，包括天然植被、湿地的丧失和破碎、湿地生物量变化、不透水流域面积比例、缓冲退化、水文学变化、水体浊度、叶绿素浓度、富营养化程度、盐度等。

2. 珊瑚礁生态

全球范围内，局部人为活动与全球气候变化正在改变珊瑚礁底栖生物群落。这些改变或是突然的，或是逐步的。不同海域的研究都证明，改变的恢复是一个持续的过程。这些底栖生物群落结构的转变涉及群落新陈代谢的改变。有效的珊瑚礁管理需要对珊瑚礁在面对人为压力和气候环境的改变下的变化进行提前预报。在实践中，这个目标要求能在早期快速识别亚致死性影响的技术，因为亚致死性影响将可能长期增加群落生物的死亡率。这些方法能加深我们对于原始礁和退化礁在种群、群落、生态系统结构和功能上的区别认识。这些知识基础将为科学的管理决策提供支持。

通过过程测量参数化，利用遥感建立时空测量的珊瑚礁生态系统模型，可解决珊瑚礁生态监测问题，并为制定有效的管理策略提供基础。为了实现这个目标，需要一个集成通过观察生物学和地质学的响应来研究物理和化学强迫的生态层面模型。这个用来认识珊瑚礁生物地球化学动力学的跨学科方法能实现集成时间和空间尺度的调查，从而能够预测珊瑚礁的变化。反过来，涵盖不同环境强迫方案的整个生态系统功能的预测本质上保证了减少未来的干扰。事实上，也只有生态层面的珊瑚礁管理才能保护珊瑚礁。

3. 大洋浮游植物生态系统

欧洲环境卫星搭载的 MERIS 成像仪的波段为藻花和水生植物的检测提供了新的可能性。使用 MERIS 数据可以计算出最大叶绿素指数（MCI）。该指数以 709nm 处离水幅亮度峰的反射率计算，它指示了散射背景下高表面浓度的叶绿素 a 的存在。在赤潮条件下，MCI 指数很高。一项基于 MCI 指数的藻花研究显示，全球海洋和湖泊发生藻花事件的多样性和广泛地区的浮游植物的检测此前并未有文献记载。自 21 世纪初开始，也就是 MERIS 发射不久，全球 MCI 复合图像每天都会由 MERIS 低分辨数据产生。在大洋、海岸带监视卫星中，这一指数是 MERIS 所独有的，因为 MODIS 和 SeaWiFS 上都没有 709nm 附近的波段。以 MCI 指数检测藻花、漂浮马尾藻和南极硅藻的"超级藻花"的可行性已被证实。

MCI 由 709nm 处的辐射率扣除 681nm 和 753nm 处反射率构成的线性基线得到。MCI 表示了 709nm 处超过基线的过量反射率。模型指出，这种光谱可用来表征强烈的表面藻花，这时近海表散布着高浓度的浮游植物。这种情况下，叶绿素的吸收使得 700nm 以下的反射率减小，水的吸收使得 720nm 以上的反射率减小，因此存在一个最小吸收处，这里反射率达到峰值，这个位置就是 709nm。模型还指出，浅滩层之下的植被（包括珊瑚礁）也会提高 709nm 处的峰值，也就是说给出一个 MCI 正信号。

MCI 可能由于 681nm 处叶绿素 a 的荧光峰而给出负值，这时可以用 665nm 代替 681nm 来计算，得到一个"宽"的 MCI，以避免出现负值。事实上，当藻花很强的时候，荧光的影响很小。

不经过大气校正直接用 1 级光谱反射率计算而得的 MCI 会过高，以至于需要用到大气校正算法。一小部分可以使用大气校正后的数据（Level 2）计算 MCI，这时上式中各波段的反射率由反射比替代。这样计算的结果与未经过大气校正的结果几乎是相同的。然而在大多数情况，大气校正数据无法使用。现在可以引入一个关于当地太阳高度角的函数作为偏差补偿值，以弥补 MCI 平均值能观测到的年际变化。

虽然 MCI 不能检测所有的 HAB，但是很明显，MCI 在一些海表高浓度叶绿素监测中也起着重要的作用。另外，MCI 还用于海冰浮游植物成像。全球复合一定程度上突破了由 MERIS 数据采集、太阳反辉和云层带来的限制。

二、在海洋动力环境预报中的应用

风、浪、流等海洋动力环境要素是海洋表面最为普遍的现象，也是影响海上活动安全的主要因素。因此，海洋动力环境信息的准确描述对于生命及财产安全具有非常重要的意义。同时，风、浪、流等实时遥感观测数据也是开展海浪预报及预报技术研究、提高预报精度的基础和出发点。高精度的海洋动力环境遥感数据在风、浪、流等信息的预报、航行保障和气候预测等应用领域发挥着重要的作用。

（一）海面风、浪、流预报中的应用

海洋数值预报是一个由动力模式描述的微分方程在特定初边、值条件下的求解问题。初值越准确，预报效果就越好。如何确定模式的初值就成为一个非常重要的问题。为了构造模式积分的初值，就需要把观测数据插值到模式格点上，最初用手工方法实现，叫作主观分析；后来采用计算机自动插值，称为客观分析。再后来发现观测数据不足严重制约了客观分析效果，单纯观测的插值不能解决模式的初值问题，又把模式经过短时积分的结果引进来，称之为背景场或初猜场或先验信息，这种方法称之为数据同化。

实践和研究都表明，目前的技术水平下，最大的预报误差往往源于初始分析误差而非数值模式本身。增加观测的数量、提高观测的质量结合先进的同化方案成为改善初始场分析质量，提高数值预报准确率的一条有效技术途径。由此，卫星资料成为改善数值预报效果的一种重要而有效的观测资料源。

1. 海浪数据同化预报

近年来，海洋环境业务预报部门已建立基于第三代海浪模式的全球海浪数值预报业务化系统。关于物理过程和计算方法，第三代海浪模式明显地优于第一代和第二代海浪模式，但是在自然界中仍然存在一些复杂的情况难以控制，海浪模拟的结果与实际的情况仍然存在偏差。在目前的海浪模式中，采用的都是半经验半理论的方法，以致模式中存在大量的参数化方案，而这些参数化方案是根据经验和观测得到的，在某海域适用的方案不一定适用于其他的海域，这是产生偏差的原因之一。另外一个原因是模式中输入的强迫风场可能与实际的风场相距甚远，以致模式模拟和预报结果不够准确。为获取更高精度的海浪场，人们利用各种观测数据对海浪模式的模拟和预报结果进行改进，这样，就产生了海浪数据同化这一科学问题。

2. 海面风场同化预报

由于观测站网的水平分辨率较低，洋面上的气象资料寥寥无几，海面风场的真实情况很难由常规的观测资料加以描述。随着卫星探测技术水平的不断提高，通过卫星可得到全球高分辨率的海面风速和风向观测数据。

散射计的原理是通过发送微波脉冲到达地球表面来测量地表面粗糙度后向散射的能力。在覆盖地球表面 3/4 的海洋上，后向散射主要来自海表面短波，海面风遥感的思想就是认为海表面小波动与局地风应力平衡，从而通过海面的后向散射来获得 10 米高度的海面风场。我国发射的 HY-2A 上携带了测量海面风的散射计，其采用 Ku 波段和笔形波束天线圆锥扫描，幅宽 1800km，每天可覆盖全海洋 93% 的范围。同时，HY-2 卫星雷达高度计可测量星下点海面风速，扫描微波辐射计可测量大风速范围内的海面风速。

从资料性能分析到在天气分析、天气预报中应用，欧洲中期数值预报中心、美国国家环境预报中心（NCEP）等已经把该资料同化到业务数值预报模式中。国内国家海洋环境预报中心已经将 HY-2A 卫星散射计数据矢量风同化到风场预报模式中，并已业务化运行。

3. 海流数值同化预报

利用历史资料和三维海洋温度、盐度分析产品，利用水平方向双线性插值方法和垂直方向线性插值，可建立预报海域模式各层温度、盐度气候背景场。对于卫星雷达高度计提供的海面高度资料采用三维变分（3D-VAR）同化，在垂直方向上将海面高度资料反演为温盐廓线。利用最优插值同化方案进行水平面上的温度和盐度同化。

（二）航行保障中的应用

自 21 世纪初期中国正式加入世界贸易组织以来，对外贸易逐年高速增长。海运承担了中国 90% 以上的国际贸易运输。可以说中国的经济发展在很大程度上依赖对外贸易，对外贸易在很大程度上依赖海运。影响船舶航行的主要参数包括风、浪、流，这些动力环境参数对经济航行至关重要；另外，海雾、海冰、风暴潮等极端天气事件，对安全航行非常重要。应用海洋气象情报和预报服务方面的成果，可以保障船舶安全经济航行，避免和减少由于海上环境条件给航海所带来的不利影响和损失。

海洋动力环境卫星遥感在航行保障中的应用可以具体体现在规划决策、区域保障和实时服务三个方面。在规划决策方面，可以对长期积累的海洋动力环境卫星遥感历史数据进行分析，制订运输计划、选择补给港口、预测通航时间段；在区域保障方面，可以将卫星数据作为预报模式的输入，进行航行路线上 1～10 天的天气预报，为船舶提供信息保障；在实时服务方面，可以将准实时的海洋动力环境信息提供给船舶，用于优化航线，同时在应急情况下，可以避开台风、巨浪等极端天气。

$40°S～60°S$ 附近，有一个环绕地球的低压区，即西风带，此处常年盛行五六级的西风和四五米高的涌浪，7 级以上的大风天气全年各月都可达 10 天以上，所以又称"魔鬼西风带""咆哮西风带"，是我国科学考察船"雪龙"号进入南极必经的一道"鬼门关"。西风带大部分海域风速在 15m/s 以上，最高风速超过 22m/s。在 $50°S$、$150°W$ 海域还有一个气旋，这就需要通过该海域的船只避开这类极端的天气或海况。

（三）气候预测中的应用

1. 气候预测系统

气候是指在地球上特定区域相当长时间尺度内的平均天气状态，通常是指诸如大气温度、降水、湿度、风速或海洋温度在指定时期和区域内的气象和海洋变化要素的平均值。时间尺度为月、季、年、数年至数百年以上。气候预测技术主要经历了简单统计分析、数理统计学方法（多源回归、逐步回归等）、动力学气候数值模式、耦合全球环流模式等历史发展历程。气候预测不同于天气预报，是预测未来一个月、一个季度和下一年的气候变化，时间越长，不确定的因素越多。气候预测需要地球上大气圈、岩石圈、生物圈、冰雪圈和水圈各圈层即整个气候系统的资料。

气候预测需建立海洋资料同化系统，收集和整理温度、盐度、海面高度等海洋观测资料，建立一套 20 年以上的海洋观测数据库，卫星海洋遥感以其高时空分辨率、全球覆盖、实时获取以及长时间序列等优势已日益成为全球或局地海洋观测资料不可或缺的数据源。

2. 卫星遥感海洋气候产品

海洋气候产品包括一定时间范围内的平均分布，也包括一定时期的多年平均的气候产品。使用海洋卫星探测的多种海洋要素产品，通过数据的质量控制、卫星遥感数据的相互校准与同化，可生产海面风场、海表温度、海面高度异常、海浪、海表流场和大气水汽含量、大气温度等多种要素的气候监测产品。

卫星遥感海洋气候产品，不仅可作为气候预测模式的初始场，还可用以检验气候预测模式的准确性。具有足够长时间序列的卫星遥感气候产品还可用以分析与评估区域与全球的气候变化。

三、在全球气候变化海洋观测中的应用

海洋是全球气候系统中的一个重要角色，与所有的气候异常密不可分，它通过与大气的能量物质交换和水循环等作用在调节温度和气候上发挥着决定性作用。海洋环流可以调节全球能量、水分的平衡，海水溶解二氧化碳可以减缓大气温度升高，但海洋酸化、海温异常、极地海冰异常等现象也会导致灾害性天气的发生。被称为"地球气候调节器"的海洋对气候变化具有重要影响。

在应对全球气候变化的同时，更需要密切关注海洋对气候变化的影响，做好海洋对气候变化重要影响的评估工作，掌握海洋对气候变化的影响机理。这些工作涉及海洋要素变异观测、海气相互作用调查、极地环境调查、海水二氧化碳监测等。

（一）海—气二氧化碳通量监测

自工业革命以来，随着人类活动排放温室气体（主要为二氧化碳）而导致的全球增暖和气候变化，已经引起全球的广泛关注。海洋占地球表面积的约71%，它吸收了人类活动排放二氧化碳的近1/3，在全球碳循环系统中起着至关重要的作用。传统监测海—气界面二氧化碳通量主要依靠船舶走航的观测方式，空间和时间覆盖率都较低，难以满足大空间尺度动态监测的需求。近年来，随着海洋遥感技术的迅速发展，卫星海洋遥感技术已成为大范围、高频度、长时序海洋环境实时监测的重要手段。同时，随着遥感应用技术的提升，海洋遥感已开始应用于海—气二氧化碳通量的监测，显示出其作为大范围、高频度、

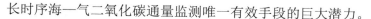

长时序海—气二氧化碳通量监测唯一有效手段的巨大潜力。

1. 海—气二氧化碳通量与全球变化

在过去 200 多年里，人类活动主导的人为碳通量已达到自然碳通量相当的量级，对全球气候和生态安全造成了显著影响。为了应对气候变化给人类发展带来的影响，20 世纪末签署的《联合国气候变化框架公约》（UNFCCC），约定了国际社会公认的应对气候变化的最终目标为"将大气中温室气体的浓度稳定在防止气候系统受到危险的人为干扰的水平上"，并在之后，召开了多次政府间气候谈判大会。当前，国际碳减排面临的挑战是应对气候变化与各国经济发展空间之间的权衡，迫切需要减小科学上的不确定性，并且摸清和掌握整个生态系统的碳收支清单以及碳增汇的潜力。

2. 海水二氧化碳分压的计算方法

（1）海水二氧化碳分压的遥感反演现状。

目前大部分的海水 pCO_2 遥感反演算法主要是基于 pCO_2 和遥感参数之间的线性或者多元回归关系获得。例如：最早在不同海盆区发现温度与 pCO_2 具有良好的线性关系，可利用海表温度实现 pCO_2 的计算，或者在回归拟合中加入表征生物作用的叶绿素浓度。为了在复杂的区域获得更好的拟合效果，一些研究不断尝试增加更多的参数进行回归分析，例如，经纬度、盐度、黄色物质和混合层深度等；也有人利用更复杂的数学方法获取 pCO_2 的统计模型，例如主成分分析法和神经网络法等。这些算法在其特定研究区域可获得良好的效果，但依赖于建模样本的季节、区域代表性和样本量。

由于海水 pCO_2 无法通过遥感辐亮度直接反演，需要使用替代参量（proxy）进行表征，因此，遥感建模必须深入了解 pCO_2 变化的控制机制。边缘海的 pCO_2 受控于一系列物理和生物地球化学过程，其主要控制机制包括热力学作用、生物作用、不同水团混合作用及海—气界面交换等。在一些局部区域，pCO_2 的变化只受一两种控制因子主导，可以通过线性或者多元回归方法建立 pCO_2 遥感模型；但在复杂边缘海区域，pCO_2 的变化通常是由多种因子共同控制，很难通过遥感可获取的参数直接建立具有显著统计意义的多元回归模型甚至是神经网络模型。例如，在地中海西北部的研究发现，冬季海表温度变化很小且叶绿素浓度维持很低的水平，但在藻花发生初期，尽管温度变化也很小但叶绿素浓度却有很大的变化，因此，利用温度和叶绿素浓度估算海水 pCO_2 变化会存在很大的问题。而在密西西比河冲淡水区域，从河口到外陆架，pCO_2 先是急剧地下降，然后随着盐度快速上升，这对利用盐度或者黄色物质吸收系数反演 pCO_2 造成了极大的困难。因此，遥感建模除了要选取合适的替代参数之外，更重要的是如何构建各种控制机制的参数化模型。

海水碳酸盐系统中有四个参数：海水二氧化碳分压 pCO_2、溶解无机碳（DIC）、总碱度（TA）和 pH，在一定的温盐和辅助系数条件下，每两个参数就可以计算出另两个参数。与 pCO_2 和 pH 不同，溶解无机碳和碱度为水体物质浓度（mol/kg），在物理混合过程中体现为物质的保守混合，而且不随温度改变。在生物过程中，无机碳作为一个化学参数直接相关于碳化学计算、营养盐移除或释放比率以及氧气生产和消耗。因此，pCO_2 在数值模式计算中通常可以通过 DIC 和 TA 计算获得。对于遥感反演算法来说，很难建立一个完全的解析算法，因此，在基于机制分析的反演算法中，不可避免地需要一些经验化的模型或系数，因而称为半解析或者半经验算法模型。基于控制机制的海水 pCO_2 解析算法需要碳化学和遥感的交叉研究，虽然此类方法目前在国际上仍处于起步阶段，但这是解决复杂水体 pCO_2 遥感反演的发展趋势。

（2）海水 pCO_2 半解析算法。

①水平混合模型构建。

对于河流影响下的边缘海，冲淡水是 pCO_2 及相关生物地球化学过程最重要的影响机制之一，而反映冲淡水变化最核心的参数为盐度。目前在轨运行的两个微波盐度卫星 SMOS（the Soil Moisture and Ocean Salinity）和 Aquarius/SAC-D 可以探测海表盐度。但由于这两颗卫星盐度产品空间分辨率低（30～300km）和重返周期长（约 3 天），在变率极高的冲淡水区域应用存在局限性。除了直接的盐度探测以外，有色溶解有机物吸收系数（Qcdom）由于其显著不同的陆源和海源特性及较好的保守性，通常可用于大型河口或者冲淡水的盐度遥感反演。例如，哥伦比亚河冲淡水、亚马孙河及奥里诺科河冲淡水、密西西比河冲淡水以及长江冲淡水。因此，通过水色卫星 aCDOM 产品反演的盐度可以作为冲淡水的区域识别以及河水—海水保守性水平混合改变 DIC、TA 和 pCO$_2$ 的良好指示。

②垂直混合量化表达。

在河流影响下的边缘海建立季节性混合层变化所导致的 pCO$_2$ 变化的参数化模型，需要同时考虑浅海区域的垂直混合，可以采用非藻类颗粒吸收系数（表征陆源输入及底部再悬浮颗粒）进行量化；除了河水—海水保守性混合过程以外，pCO$_2$ 主要控制过程还包括混合层深度变化导致的垂直混合作用、上升流以及生物固碳等。例如，盐度或者光学参数作为混合系数可以通过两端元或者三端元等计算多种水团的物理混合；在上升流系统，温度可表征底层高碳水混合的影响；在 BATS 时间序列站，温度与混合层深度可以反映无机碳的年际变化，但温度这一参数在宽陆架系统受到的影响较多，需要谨慎考虑。

③生物作用量化表达。

需要分析叶绿素、溶解无机碳 DIC 和 pCO$_2$ 的相互变化机制，结合碳与叶绿素比（C∶Chla）及初级生产力等信息，选取合适的参数表征生物作用改变 pCO$_2$ 的量化模型；对于生物作用，叶绿素是表征生物量的常用遥感参数。碳和叶绿素比（C∶Chla）或者颗粒有机碳（POC）可以用于反映浮游植物碳的变化。此外，初级生产力也可以作为生物作用对碳酸盐系统无机碳改变的一种反映。

总的来说，在动态变化极大的边缘海海区，基于实测数据的海—气二氧化碳通量估算存在极大的不确定性，需要高时空分辨率及长期稳定的遥感监测。对于海—气二氧化碳通量计算的关键参数—— 海水 pCO$_2$，其在边缘海系统中受到多种控制机制共同影响，难以获得显著的统计回归模型。需要进行碳生物地球化学及遥感水光学的学科交叉研究，建立基于控制机制分析的半解析算法。尽管 MESAA 算法还处于不断发展的阶段，但是因其具有很好的机理性，可以在不同系统间进行推广，该工作不仅可以促进卫星遥感与海洋化学的学科交叉研究，减少碳通量估算的不确定性，而且还可深化对复杂边缘海系统碳收支时空演变，特别是对气候变化响应的认识。

（二）海平面高度变化监测

1. 气候变化与海平面高度上升

全球气候变化所导致的各类影响中，最令人关注的就是全球海平面上升（global sea level rise，GSLR）。作为全球最重要的环境议题之一，海平面变化成为越来越多的科学家所共同关注的热点问题。海平面（sealevel）的原意为较长时间内海面的平均状况，是一个理想的概念，但在目前研究范畴中所说的海平面通常指平均海平面，即周、月、年等各种时间尺度上的平均海面。全球海平面变化不仅与全球变暖息息相关，其本身也是一个重要的气候因子，厄尔尼诺（ENSO）、太平洋十年涛动指数（Pacific Decadac Oscillation，PDO）等气候事件均能在全球海平面变化上有明显的反映。其中，全球气候变暖引起海平面上升，给人类生存造成潜在的巨大风险，引起了全世界科学家和各国政府的高度关注，是当今世界被关注最多的研究课题之一。海平面上升是一个缓慢而持续的过程，其长期累积的结果将对沿岸地区构成严重威胁。根据国际政府间气候变化专门委员会（Intergovernmental Panel on Climate Change，IPCC）第五次气候变化报告，在20世纪的100年里，全球海平面上升了近20cm，并预计在21世纪会继续上升40～80cm。

海平面上升对沿海国家和小岛国家的海岸带，尤其是滨海平原、河口三角洲、低洼地带和沿海湿地等脆弱地区有着极大的威胁。一方面，海平面上升加剧了沿海地区的自然灾害，假如未来海平面上升50cm，可能每年将有9200万人处于风暴潮引起的洪灾风险中。另一方面，海平面上升造成的海水入侵和海岸侵蚀，影响沿海地区的社会经济发展，例如占世界稻米产量85%的东南亚和东亚地区，有10%的稻米产地处于海平面上升的脆弱区。另外，由于海平面上升使现有海堤在一定程度上失效，百年一遇的风暴潮会变成50年或30年一遇，从而加剧海岸带灾害。

引起海平面变化的因素众多，从全球气候变暖这个角度来看，导致海平面变化的主要原因包括：海水体积的热膨胀；湖泊、地下水、陆地冰川等由于全球变暖增加了汇水量；南极、格陵兰等地区冰盖的加速融化。除此以外，区域海平面变化还受太阳黑子的活动、地球构造的变化、大冰川期的活动以及大气压、风、大洋环流、海水密度等与地球、海洋自身有关因素的影响。人类活动引起的陆地水体变化同样对局地海平面变化有着影响，如城市化进展、化石燃料和生物分解、森林砍伐导致的海平面上升，水库和人造湖中滞留水体、灌溉等导致的海平面下降等。上述影响因素可以概括为如下两个方面：由于全球海水质量的变化引起的海平面变化，可以称之为海平面升降（eustatic sealevel）；由于海水的密度变化引起的海平面变化，称为比容海平面（steric sea level），根据比容效应（steric effect）由温度还是盐度所导致，将其又分为热比容（thermostericsea level）和盐比容海平面（halosteric sea level）。

相对于开阔大洋而言，陆架海域的海平面变化动力机制更为复杂，经济和社会影响也更为重大。对于中国海域来说，在气候变暖引起的热膨胀、亚洲季风引起的强降水、大陆径流引起的河口增水以及厄尔尼诺等引起的气候异常和人为活动引起的陆地下沉等是不同时间尺度海平面变化的主要原因。例如，《中国海平面公报》指出位于河口淤积平原的天津沿海、长江三角洲和珠江三角洲，由于人为活动的加剧和地壳变动，加速了地面沉降，导致了相对海平面的显著变化。东海在季节尺度上，比容效应是其海平面变化的主导因素，但在年际尺度上，东海的海平面主要受黑潮和长江径流的影响。然而，南海海平面的变化则主要与厄尔尼诺高度相关。南海北部海面高度（sea surface height，SSH）的变化应归因于南海局地的动力、热力强迫和黑潮的影响，黑潮对南海北部SSH平均态的影响要大于对SSH异常场的影响；冬季南海北部深水区局地风应力与浮力通量对SSH的作用相反且量级相同。风的季节变化是南海SSH季节变化的主要原因。

2. 海平面高度变化的卫星观测

自20世纪90年代以来，卫星测高成为研究全球海平面高度变化的重要工具之一。事实上，监测全球海平面的变化并非高度计卫星设计的初衷之一，但其在相关研究中已经占据了无可取代的地位。

然而，虽然卫星的空间覆盖率远远高于验潮站，但仅通过对全球平均海平面的观测还不能够充分体现卫星高度计在海平面研究中的优势。卫星高度计在全球海平面变化研究中的另一重要作用是研究全球不同区域内的海平面变化情况。验潮站的数据在很早以前就表明了全球不同区域的海平面上升速率并非一致，但直到卫星高度计的出现，才使人类真正能够描绘全球不同区域的海平面上升情况。在诸如西太平洋和格陵兰岛附近的区域，海平面有着远远超过全球平均值的上升速率。而在东太平洋等区域的海平面则甚至呈现出了下降的趋势。此外，通过空间覆盖范围的选择，利用卫星高度计的数据能够对任意指定海域的平均海平面高度进行研究。南海海平面的上升速率明显高于全球海平面的上升速率，说明全球海平面上升对中国海域很可能存在更大的影响。此外，观察南海的去季节信号可以发现，南海海平面对厄尔尼诺及拉尼娜事件的响应与全球海平面对其响应相反：厄尔尼诺事件会降低南海海平面而拉尼娜事件会抬升南海海平面。这些信息均是在高度计数据应用前难以有效获得的。

利用卫星高度计的资料，除了能够估计不同区域海平面上升的速率，还能够对不同区域内海平面的周期变化进行研究。海平面变化早期的研究方法之一是 Barnett 方法。该方法首先将所有水位站的年平均海平面标准化，然后对其进行经验正交函数分解（EOF）分析，根据第一特征向量将这些水位站分成若干个区域，其中每个区域内的海平面变化具有基本相同的特征，再用线性方程进行拟合，求出显著周期成分和线性趋势，从而研究海平面区域的变化。针对海平面变化的研究，我国学者也提出了许多方法，包括随机动态分析预测模型、灰色系统分析方法、经验模态分解方法、平均水位周期信号的谱分析方法、经验确定显著周期振动方法及长期水位资料调和分析方法。这些方法都是基于水位站实测数据研究的。

在利用卫星高度计数据研究中，当前研究海平面变化的一种方法是 3D-HEM（Harmonic Extraction Method）模态分析法，它是一种精细模态提取方法。用这种方法以经度、纬度和周期为循环变量进行二维移动谐波分析，可以得到中国海海平面高度异常的振幅和位相随时空变化的全谱函数。鉴于该方法的搜索特性，不需要知道数据或模态的先验知识或假设，即该方法是完全数据自适应的。这种方法在揭示地学模态的精细时空结构方面的有效性和独特性已在全球降水和海温资料的模态分析中得以显示和验证。卫星高度计虽然能够较为准确地测定海平面的变化，但其所测的结果仅仅是总体海平面的变化，而无法区分海平面的变化是由海平面的升降还是比容效应所引起的，更无法区分是热比容效应还是盐比容效应。目前，重力卫星观测时间仍较短，结合卫星高度计观测主要用于海水质量和比容高度的季节变化的研究，近年来也有部分研究将其拓展至年际尺度。从二者的相关性上可以推断，全球平均海平面的震荡中，至少有一部分可以用陆地水量的增减来进行解释。

此外，海平面的升降不仅包括海水本身的运动与增减，也包括了地壳运动所导致的海平面相对升降。全球定位系统（Global Position System，GPS）能够监测陆地垂直运动的速率。因为相对海平面的升降与人类活动更加密切相关，而陆地垂直运动在相对海平面的研究中又十分重要，国际科学界已成立了"地区动力学国际 GPS 服务中心"，因此能够以其获得精确的海平面资料。利用 GPS 数据对相对海平面升降进行研究，也是海平面高度遥感领域的重要方向之一。

综上所述，目前海平面高度变化的卫星观测主要工具依然是卫星高度计。国际上已经发射了 10 余颗高度计卫星，尚有数个高度计卫星计划已经开始启动，这些计划将为海平面高度变化的观测与研究提供可靠的数据保障。近年来，随着 GRACE 卫星和 ICESat（Ice，Cloud，and Land Elevation Satellite）卫星项目的开展，能够获得更多的陆地水量变化数据以及南极与格陵兰大陆冰盖的监测数据，这些数据能够为海平面升降、比容海平面、极地与海平面相互作用和海洋的质量平衡研究提供更为有效的数据支持。除此以外，GPS 技术的广泛应用能够更好地服务于相对海平面研究。相信通过这些遥感手段的交叉与普及，将给海平面变化的相关研究带来更多新的突破。

四、在海洋渔业资源开发与保护中的应用

海洋作为海洋鱼类赖以生存的基本空间，海洋环境影响着鱼类的繁殖、补充、生长、死亡及空间分布。由于海洋环境与海洋渔业资源的分布及资源量的变动存在紧密关系，渔业资源的开发、管理与保护需要大量的海洋环境监测数据。而海洋遥感能大面积、长时间、近实时地获取海洋环境监测资料，其在海洋渔业资源开发、管理与保护中的作用越来越大。当前，海洋遥感数据已广泛

应用于渔业安全、渔情预报、渔业资源调查与评估、渔业管理与保护等方面。本部分将从海洋渔业资源调查与评估、渔情预报、渔业资源保护等几个方面介绍海洋遥感在海洋渔业资源开发与保护中的应用。

（一）渔业资源调查与评估

利用航空遥感可对部分渔业资源进行直接观察，评估其资源量。尽管卫星遥感也具有这方面的潜力，但当前利用星载传感器直接调查或评估渔业资源量的研究较少。利用卫星遥感数据对海洋渔业资源进行评估主要是间接的，其在海洋渔业资源调查与评估中的应用主要包括：利用遥感数据设计资源调查方案，利用海洋初级生产力估计渔业资源的潜在资源量，利用遥感获取的环境数据对单位捕捞努力量渔获量（catch per unit effort，CPUE）进行标准化，基于海洋遥感数据预测资源量的变动，遥感数据与渔业资源评估模型的耦合，改善渔业资源评估的质量。

（二）海洋渔场的渔情速报

海洋作为海洋生物或鱼类赖以生存的基本空间，海洋生物或鱼类的繁殖、索饵、洄游等与海洋环境密不可分，当掌握了鱼类生物学、鱼类行为特征与海洋环境之间的关系及相关规律，就能利用收集的海洋环境等数据，对目标鱼种资源状况各要素如渔期、渔场、鱼群数量、质量以及可能达到的渔获量等做出预报。因此，获取海洋环境信息、研究海洋环境特点及演化过程是渔场渔情预报的基础。由于海洋遥感能近实时、大面积地为渔情预报提供丰富的海洋环境数据，并且这些数据不仅给出了海洋环境要素的值，同时也能表达要素的空间结构（如锋面、涡等）及其演变过程，海洋遥感数据的应用能有效提高渔情预报的准确率与精度，有助于渔民减少寻鱼时间、节省燃料，降低渔业生产成本。

（三）海洋渔业资源的保护

保护海洋渔业资源涉及保护其赖以生存的栖息环境，打击非法捕捞，采用基于生态系统的渔业管理思路管理保护渔业资源。要实现渔业资源的保护目标，就需借助于遥感技术：获取海洋渔业资源栖息地的环境信息，以监测、评估渔业资源栖息地生态系统的变化，掌握其结构、功能及其演化规律，理解气候变化及人类活动对海洋渔业资源及其栖息地的影响，以保护渔业资源及其栖息地。

建立渔船动态监测系统以估计捕捞努力量、合理安排捕捞努力量及其空间分布、打击非法捕捞。

1. 渔船的监测

尽管船舶监视系统（Vessel Monitoring System，VMS）能近实时地收集渔船位置信息，但并不是每条渔船均装有 VMS，同时 VMS 可能会出现故障、被渔民关闭甚至被操纵而报告错误信息的情况，因此，卫星遥感技术成为另一种重要的渔船动态监测手段。利用遥感卫星监测渔船动态通常采用高分辨率的光学卫星或雷达卫星。

光学卫星可利用其高空间分辨率的优势，在白天可直接对渔船进行监测、识别，并能获得相当多的有关船舶的信息，非常适合对渔船进行分类，而在晚上则主要通过探测渔船灯光（如集鱼灯灯光）以获得渔船分布信息。尽管光学卫星能提供高分辨率的渔船影像数据，更易于分类，但是基于光学影像的渔船检测与分类算法远落后于雷达影像，并且基于光学卫星影像的船舶自动检测与分类算法非常复杂，检测与分类的能力有限。同时光学遥感受云或光照条件（如晚上）的影响，其有效信息量非常小，难以满足对海洋渔船实行动态监测，因此，雷达卫星在渔船动态监测应用上更具优势。

利用合成孔径雷达（Synthetic Aperture Radar，SAR）卫星影像进行渔船监测的方法可分为两大类：直接利用船只目标在 SAR 影像中的成像原理对舰船目标本体进行检测；通过舰船尾迹进行检测和搜索舰船目标。常用的检测算法有：基于全局阈值的分割算法，基于滑动窗口的自适应阈值方法，基于雷达恒虚警的 CFAR 检测算法，基于模板的阈值检测算法，基于小波分析的多尺度检测算法以及基于多极化数据的多极化检测器等。

通过对渔船实行动态监测，可获取渔船类型、渔船分布，可用于渔场捕捞力量的估计，同时又可对非法、无管制和未报告渔船（Illegal，Unregulated and Unreported，IUU）实行有效的监管与执法。

2. 海洋生态区的分类

传统上，渔业资源的管理与保护主要关注海域单个物种的资源状态，但鱼类、渔业及其生物、非生物环境相互作用、相互影响，构成一个相互连接的生态网络。因此，当前，基于生态系统的渔业管理日益成为渔业管理的方向，而理解整个生态系统的结构、功能及演化，是建立 EBFM 的基础。

对海洋生态区（Ecological province）进行分类是研究生态系统结构、功能、时空变动规律及比较不同生态系统特点的前提，而遥感数据则是海洋生态区分类的重要信息源与依据。利用遥感获取的叶绿素浓度数据，对全球海洋生态区进行了分类。但由于海洋生态区的时空分布具有显著的季节与年际变化特点，研究人员提出了利用海洋水色、水温并结合其他数据，动态确定海洋生态区边界的新方法，使海洋生态区的确定更合理。在全球尺度下，定义、识别、监测海洋生态区是海洋生态系统管理、海洋生物多样性保护的前提与基础，也是实行基于生态系统渔业管理的前提与基础。

3. 栖息地的确定、监测与渔业资源的保护

利用标志放流、渔业及海洋遥感数据，可建立栖息地模型，进而利用栖息地模型及海洋遥感数据可有效确定鱼类的栖息地，如鱼类的产卵场、索饵场与洄游路线等。利用海表温度、叶绿素浓度、叶绿素浓度峰与海表温度峰数据预测蓝鳍金枪鱼的索饵场、产卵场；根据过渡区的叶绿素锋面位置确定海龟的洄游路线；利用海表温度、海面高度异常值及渔场渔业数据，构建了栖息地指数模型，利用该模型可有效确定北太平洋中部柔鱼的最佳栖息地。

当确定鱼类栖息地之后，则可利用全球覆盖、高时空分辨率、多要素的海洋遥感数据对鱼类栖息地进行动态监测，从而为鱼类栖息地的保护提供重要的数据支持。如利用海洋遥感获取的叶绿素浓度、海洋初级生产力、黄色物质、悬浮颗粒物、透明度、海表水温等海洋环境参数可用于监测、评估栖息地的状态及气候变化引起的影响。悬浮颗粒物、黄色物质与海岸带栖息地水质环境紧密相关，因此，通过监测悬浮颗粒物、黄色物质的变化可获得海岸带栖息地水质环境信息，这些信息可用于监测海岸带栖息地生态系统的状态、评估人类活动对海岸带栖息地生态系统的影响，并可为海岸带栖息地的科学管理与保护提供依据。

同时，利用遥感数据可监测栖息地的灾害事件，这对制定应对措施、减少其对海洋渔业资源的影响至关重要。如溢油事件能对栖息地生态系统带来非常

严重的影响，会导致鱼卵、幼鱼的死亡，干扰成鱼的繁殖，污染其饵料等。利用 SAR 或 MODIS 等传感器获取的数据能对溢油进行有效的监测、追踪，对评估损失，制定修复、保护措施非常有益。有害藻花，如赤潮、绿潮，是威胁、危害海洋生态环境和人类健康的一种海洋灾害，提前预警有害藻花的发生有利于管控灾害带来的影响与损失。由于需要大范围、高频率对海洋进行观测才能确定有害藻花的位置与运动方向，因此，水色遥感能为有害藻花的预报提供重要技术支撑。而通过长期监测珊瑚礁生态系统海域的海表水温变化可用于评估、预测发生珊瑚礁"漂白"事件的危险，从而能提高对该类事件的应对能力。

确定与理解鱼类关键栖息地（如索饵场、产卵场、洄游路线、育成场等）对渔业资源的管理与保护非常重要。如根据不同类型的栖息地及其时空分布，可合理安排捕捞努力量的时空分布，以有效减少非法捕捞、保护产卵群体，确保资源得到合理的补充，使捕捞努力量空间分布结构更合理，以减少地方群的不合理捕捞。对濒危物种栖息地的确定有助于建立海洋保护区（Marine protected areas，MPA），以对该物种及其栖息环境进行保护或通知渔民避开该物种的栖息地以减少兼捕。

五、在海岸带环境保护和资源开发中的应用

海岸带是岩石圈、大气圈、水圈和生物圈相交的地区，这里不仅具有较高的物理能量、丰富的自然资源和生物多样性以及人类的大量开发活动，而且是全球变化中非常敏感的区域。从海岸带自然生态系统含义考虑，它涉及河口、海湾、海湖、海峡、三角洲、淡水森林沼泽、海滨盐沼、海滩、潮滩、岛屿、珊瑚礁、海滨沙丘及各类海岸的近岸和远岸水域，其向陆方向上界为潮波、潮流盐水和半咸水影响的地区，海域的狭义部分为近岸浅水地区，广义部分可扩展至整个大陆架。

遥感技术是获取海岸带资源、环境和灾害等信息的手段之一，它具有大尺度、快速、同步、高频度动态观测和节省投资等突出优势。在海岸带环境保护和资源开发中利用遥感技术，有助于实现宏观、动态、同步监测研究区域的生态环境和资源开发利用，弥补常规观测方法的不足，更好地服务于社会和制定

经济可持续发展政策。早期的研究主要是对遥感影像数据进行各种方法处理，提高海岸带地物的目视效果，随着遥感技术应用的深入，遥感数据定量化的研究越来越多。

（一）滨海湿地的遥感调查

1. 滨海湿地

湿地是自然界最富生物多样性的生态景观和人类社会赖以生存和发展的环境之一，是地球上具有多种功能的独特生态系统。这里讨论的湿地范围集中于海岸带的滨海湿地，是指海陆交互作用下经常被静止或者流动的水体所浸淹的沿海低地，潮间带滩地及低潮时水深不超过 6 米的浅水水域。它有较高的海洋生产力和独特的生态系统及动植物区系，是海岸带资源与环境保护的重要对象。

滨海湿地分有植物生长和无植物生长两大类。生长喜水植物或盐生植物的称海滨沼泽，其亚类分淡水沼泽、半咸水沼泽、盐水沼泽和红树林沼泽；不生长高等植物的为潮间带裸露滩地和浅水水域，其亚类为岩滩、砾石滩、沙滩、粉砂质淤泥滩、淤泥滩、珊瑚礁、牡蛎礁、河口湾、海峡等。由于滨海湿地是全球环境变化的缓冲区，可以涵养水源、净化水质、调节气候、拦截陆源物质、护岸减灾，通过生物地球化学过程促进空气及碳、氢、硫等关键元素的循环，提高环境质量，因此保护滨海湿地，在经济、社会和生态诸方面均具有重要意义。开展滨海湿地遥感监测十分必要。

2. 潮沟遥感

潮沟是潮滩与外海进行物质和能量交换的主要通道，是潮滩的主要地貌类型之一。主潮沟一般发源于潮下带，受潮流作用不断向陆延伸，进入潮间带分出大量的支岔，形成树枝状的分支潮沟，最终消失于高潮带或海堤处。九段沙位于长江和东海交汇处，是目前长江口最靠外海的一个河口沙洲，东西长约 50km，南北宽约 15km，在 0 米（理论基准面）之上的面积大约为 124km²，九段沙湿地包括上沙、中沙和下沙。九段沙湿地潮沟众多，是其重要的地貌单元之一。

潮沟遥感可采用区域生长法和灰度形态学方法进行专题信息的提取。区域生长法主要是根据不同潮沟的复杂程度，选择不同个数的种子点，种子点要尽量选择潮沟中部的像素点和分叉处的像素点，这样可以保证不同岔道顺利生长，然后对图像进行掩膜，接着取出种子点，计算其与邻域中其他像素的灰度差，灰度差小于给定阈值则与种子点合并，继续生长并且覆盖掩膜，最后阈值分割，输出提取的潮沟信息。

灰度形态学方法首先是对图像进行阈值分割，将其变为二值图像，然后填充二值图像中的孔洞，移除孤立目标，去除噪声和非潮沟的细节信息，最后对图像进行骨架化，得到潮沟信息。

（二）海域使用的动态监测

19 世纪以来随着科学技术的发展以及人口的不断增长，人类开发自然与改造自然的需求和能力不断增加，对地球环境与资源的关注已逐渐从陆地走向海洋。除自然界自身的变化外，人类活动更是迅速改变着地表景观及土地利用形式，尤其是沿海地区。沿海地区聚集了全球 60% 的人口、70% 大城市，其地表景观受人类干扰最为严重。

我国全面进入海洋资源开发已有 30 多年的历史，海岸带区域内的许多自然海域被大面积开发利用。联合国海洋法公约认可管辖的海域面积为 $274.95 \times 10^4 km^2$，是国家重要的基础资源，也是海洋经济发展的基础和载体。在 20 世纪 70 年代改革开放政策推动我国经济持续增长的背景下，我国沿海地区掀起一股海洋开发利用的热潮，近海海域开发利用活动日益频繁。

遥感动态监测的本质就是利用不同时期的遥感影像，根据影像所呈现的地表地物的电磁光谱差异，通过图像处理得到量化的多时相遥感影像信息以及影像在时间域、空间域等的耦合特征，从而获取监测对象在面积、数量、空间位置等方面的变化信息。应用于海域动态监测时，是通过对同一海域在不同时相的遥感数据进行海域使用变化信息的发现，甄选可疑变化区或变化点。海域使用遥感监测可对用海情况进行及时、直接、客观的定期监测，获取各海域使用功能的类型、数量、质量和空间分析等信息。我们从海岸带土地利用监测和海域使用动态监测现状、变化信息提取技术研究现状两个方面进行综述。

随着海洋经济的快速发展，海洋资源退化、海洋生态环境恶化等海洋环境问题以及海洋权益争议等问题也日益突出。从长远来看，合理使用海域已成为实现海洋经济可持续发展所面临的重大课题。对海域使用情况进行实时、客观的动态监测有助于海洋管理部门掌握其真实的使用情况，并以此做出科学、合理的规划。遥感技术由于覆盖范围广、获取周期短等特点，使其已经成为在国家层面上调查与获取海岸带及沿海海洋基本数据，评估国家沿海社会经济和生态环境可持续发展能力的有力工具。

我国关于遥感技术在海域使用动态监测中的应用研究得到一定发展。海域使用动态遥感监测的目的，是对监测区以及规划、建设等海域使用变化情况进行及时、直接、客观的定期监测，获取各海域使用功能的类型、数量、质量、空间分布等信息，及时、准确地查明海域使用的动态变化，为相关行政主管部门宏观决策提供可靠、准确的海域使用变化情况，更好地服务于海域使用监管等工作。早在20世纪80年代我国学者就对航空遥感在海域调查中的应用做了相关分析和研究，并提出海域使用动态监视监测管理系统的实施方案。方案围绕卫星遥感监视监测、航空遥感监视监测、地面监视监测、业务应用系统运行和海域管理信息服务五个方面展开主要业务工作。方案在现有人力资源和技术力量的基础上，以卫星遥感、航空遥感和地面监视监测为数据采集的主要手段，实现对我国近岸及其他开发活动海域的实时监视监测；以先进、实用和可靠的数据传输与处理技术，实现监视监测数据的完整、安全和及时传递；建立国家、省、市、县四级海域使用动态监视监测业务体系，形成业务化运行机制等技术要求。以此达到促进海洋开发的合理有序、海域资源可持续利用和海洋经济健康发展的总体目标。

（三）海岸线的变迁

陆地与海洋的交界线称为海岸线。海水与陆地的接触线随潮涨潮落而频繁地移动，海岸线的变化给常规专业调查和观测工作带来很大的困难。地貌学给出海岸线的定义是海水向陆地达到的极限位置的连线，即海岸线的向陆一侧是永久性陆地。海岸地貌千姿百态，根据物质组成，可分为淤泥质海岸、基岩海岸、砾石海岸、砂质海岸、珊瑚礁海岸和红树林海岸等，这些海岸对应的海岸线也千差万别。开展海岸线遥感研究，有助于实现宏观、动态、同步监测海岸带的生态环境和资源开发利用，弥补常规观测方法的不足。

这里以淤泥质海岸为例，介绍遥感技术在海岸线的变迁中的应用。淤泥质海岸是我国海岸类型之一，不论是半隐蔽和隐蔽的淤泥质海岸，还是开敞海域的淤泥质海岸，它们的前沿地带都发育着坡度平缓、宽度不一的淤泥质潮滩。淤泥质海岸潮滩沉积地貌是岸滩动态过程的综合反映，其岸线变化是一种复杂的物理过程，它包括许多自然因素和人类诱发因素。自然因素包括研究区域的地质过程和海平面升降、水动力条件、泥沙来源及沉积物变化等；人类诱发因素包括滩涂围垦、水产养殖、潮汐通道开挖、港口、码头及防波堤建设、航道疏浚、潮滩及近岸取沙等。

六、在海洋防灾与减灾中的应用

（一）风暴潮灾害监测

风暴潮是发生在沿海近岸的一种严重的海洋自然灾害。它是在强烈的空气扰动下所引起的海面增高，这种升高与天文潮叠加时，海水常常暴涨，造成自然灾害。风暴潮预警报的关键是如何将预报出的风暴增水值叠加到相应的天文潮位上。通常采取的做法是：风暴潮预报员根据预测的热带气旋移动速度和强度，计算出某个时刻热带气旋中心位置是否达到有利于热带气旋引发某个验潮站产生最大风暴潮增水时刻，然后将该时刻的风暴潮增水值叠加到对应的天文潮位上。上述预报方法的关键是精确地确定热带气旋的移动速度、强度和移动路径。其中，热带气旋越强、风速越大，风暴潮增水也就越大，造成的危害也就越大。

海洋卫星上搭载的微波散射计在热带气旋的观测中具有明显的优势，能够观测热带气旋的风速和风向，对涡旋特征进行识别和定位，并能够实时监测热带气旋移动路径。利用微波散射计提供的风场和气旋位置等信息，根据最小二乘原理，用模型风场拟合卫星风场数据，得到一个最大风速半径，然后利用风暴潮模式进行计算，可得到沿岸风暴潮增水。

（二）赤潮、绿潮的卫星遥感监测机制

赤潮是水体中藻类短期内大量聚集或暴发性增殖引起的一种海洋现象。赤

潮危害主要体现在：大量藻类的增殖会遮蔽阳光，藻类细胞堵塞鱼鳃，藻类死亡分解时耗尽水体中溶解氧使鱼类等窒息而死，有毒藻种还可分泌神经性、麻痹性或腹泻性毒素等，毒素富集于贝类等体内被人类误食而发生中毒事件等。在经济快速发展影响下，我国近海富营养化导致赤潮灾害呈现出频率和类型增加、分布区域和规模扩大、危害日趋严重的演变趋势。赤潮发生时，生物大量聚集，水体颜色发生变化，水体的光谱特性发生变化，从而被遥感手段探测到。卫星遥感具有覆盖范围广、重复率高、成本低廉等优势，已成为实时监测赤潮的一种不可或缺的实用手段。

1. 赤潮光谱分析

海水光学特性主要由 3 种因素确定：纯水、溶解物质和悬浮体，由海水选择性吸收和散射综合效应决定。海水光吸收取决于多种因素，吸收光谱具体形式与不同因素相互作用有关，叶绿素对赤潮光谱特征起到重要影响。赤潮海水不一定都是红色的，随赤潮生物种类、密度、发展阶段等因素产生不同颜色，如夜光藻引起赤潮是粉红色的，红色中缢虫引起的赤潮是红色的，绿色角毛藻如眼虫引起赤潮是绿色的，骨条藻引起的赤潮是灰褐色的，赤潮异弯藻引起赤潮是酱油色的，赤潮颜色不同使得赤潮光谱特征有所差别。

叶绿素的存在决定了浮游植物的吸收光谱特性，吸收带分布在 440～450nm 和 670nm 附近，叶绿素 a 最大吸收峰在 420nm 和 660nm 附近，叶绿素 b 最大吸收峰在 450nm 和 640nm 附近，叶绿素 c 最大吸收峰在 440nm 和 620nm 附近。受海流等条件的影响，在所测站位间有明显赤潮界线，对相距约 500 米的 2 个站位进行光谱测量。从反射率中可明显看出赤潮水体的两个反射峰，而正常海水则表现为单峰；赤潮水体反射率都在 2% 以下，而正常海水反射率最高达 6.4%。425～525nm 处反射谷是二类水体第一个区别，主要是黄色物质和叶绿素强烈吸收所致，662nm 处反射谷主要是叶绿素强烈吸收所致，其强度远大于正常海水，650～670nm 处反射峰是由于黄色物质、浮游植物及水体低吸收产生的，反映了海水的基本吸收特征，680～695nm 处反射峰则为叶绿素特有荧光激发峰。9 月是陆源物质排放入海高峰期，正常海水中浮游植物现存量较低，显示海水处于富营养化状态，正常海水在 685nm 处小峰说明了这个问题，而赤潮区荧光峰则较高，反映了叶绿素浓度变化。

在赤潮生物密度较低海域上，光谱反射率值蓝光波段和绿光波段较高，而在红光波段则较低。随浮游植物密度升高，蓝光、绿光波段反射率值趋于降低，而红光波段反射率值则迅速升高。赤潮生物密度变化在海水后向散射光谱变化上得到明显反映；随着赤潮生物密度的加大，海水后向散射蓝光和绿光波段的辐射量明显减小，而红光波段的辐射量则相应增大，这是赤潮水体呈现红色的主要原因。高叶绿素浓度是形成赤潮的条件，高叶绿素浓度的光谱特性除了与其背景水体有显著差别外，不同藻类的反射光谱也有显著的差异。在560nm的反射率最大值和675nm叶绿素吸收峰处产生的反射率最小值之间，部分藻类会产生一个次反射峰。叶绿素在700nm附近的荧光峰，部分藻类在荧光峰的最大值向红外方向会出现反射率的增高，使其曲线形态不符合高斯分布。

星载叶绿素荧光遥感仪器极大地促进了近岸水体水色遥感的发展，加深了对海洋生态环境遥感的认知深度。但由于卫星遥感器荧光波段设置的局限性，随着叶绿素浓度的增加，荧光峰高度和位置会发生变化，荧光峰高低和位置可作为浮游植物浓度的精确指示器和预测器。辐亮度光谱曲线中700nm附近的荧光峰大小与叶绿素浓度强相关。当叶绿素浓度增加并达到560nm处反射率光谱的最大值时，基线以上的峰高和反射率比值增加数倍。700nm附近的荧光峰位置与叶绿素浓度密切相关，相关系数大于0.9，估算误差小于2nm。但在赤潮过程中，由于水色组分的含量比率迅速变化，水体营养状态也在迅速改变，不同类型的赤潮细胞大小和色素组成的差异导致荧光峰高度和位置与叶绿素a浓度变化关系复杂。

2. 赤潮的卫星遥感技术

生物及其生活的环境是一个相互依存、相互制约的有机统一整体，只有当水域环境理化条件基本满足某种赤潮藻生理生态需求时才有可能形成赤潮。赤潮生长、发育和繁殖都要从环境中索取营养物质和能量，赤潮生物"种子"群落是赤潮发生的最基本因素，赤潮生长发育和繁殖的各个阶段又都受周围环境条件制约。海水中的营养盐、微量元素以及某些特殊有机物的存在形式和浓度，直接影响着赤潮生物的生长、繁殖和代谢，海域有机污染、富营养化是赤潮发生的物质基础，水温、盐度、DO、COD 等是赤潮发生的主要条件，气温、降雨、气压是赤潮发生的诱发条件，水体稳定性、交换率、上升流、适宜水温和盐度等是赤潮发生的必备条件，气象条件如风力、风向、气温、气压、日照、强度、降雨以及淡水注入等因素在某种程度上决定赤潮的形成和消亡。赤潮与相关环境因素的内在联系，可为卫星遥感监测赤潮提供依据。

随着研究的不断深入，由于赤潮爆发时水体光学特性通常由某一种优势藻种所主导，因此目前赤潮水体优势藻种的识别成为赤潮遥感主要的研究方向，识别方法主要是多特征指数组合识别方法。该类方法根据不同赤潮藻种的光谱特征差异建立多种表观或固有量的特征指数，并利用特征指数所构建的多维空间进行优势藻种的识别。赤潮在较浑浊水体，浮游植物大量繁殖时色素浓度增加，导致表层水体红光波段吸收增加，反射率下降，近红外波段反射率不受植物色素的影响，因此近红外对红光反射率比的变化可用于赤潮检测。SeaWiFS、MODIS 等卫星为赤潮遥感提供了有用数据，具有通道多、波带窄、灵敏度高等特点。国家海洋局第二海洋研究所用 SeaWiFS 结合 AVHRR 资料进行了东海、珠江口和渤海的赤潮测报。在使用 SeaWiFS 资料进行赤潮遥感时，主要是利用赤潮水体在 1 ～ 5 波段有不同于正常水体的变化率，组成各种可见光波段组合进行赤潮计算。随着高光谱分辨率传感器出现，图谱合一的高光谱及超光谱遥感为赤潮遥感监测提供了新的机遇。

（三）溢油污染监测

海上溢油污染是最常见的海洋污染之一，每年都有数以万吨计的石油进入海洋，成为当今全球海洋污染的最严重问题。海上石油污染主要来源有自然渗漏、操作性和事故性溢油，给海洋生态环境和沿岸居民生活带来巨大冲击。遥感技术作为一种有效监测溢油污染的手段，在国内外的溢油监测系统中扮演着重要角色。目前应用较多的遥感监测手段有多光谱 - 高光谱遥感、热红外遥感、合成孔径雷达遥感、激光荧光技术及航海雷达等。

1.高光谱遥感溢油监测应用

AVIRIS 波段众多且数据相邻波段间冗余度较高，如果对所有波段进行数据处理将会耗费很多系统资源，降低数据处理效率，因此需要对原始数据进行降维处理。选取最小噪声分离方法（Minimum Noise Fraction，MNF）进行降维。

在预处理后的 AVIRIS 数据上选取感兴趣区，并分别提取其光谱曲线。这些地物类型包括了海水、厚油膜、中等厚度油膜、薄油膜和甚薄油膜，通过对光谱曲线的分析可知，厚油膜和中等厚度油膜在 395 ～ 531nm 区间反射率明显低于海水，甚薄油膜在该范围内反射率高于海水。在波长大于 531nm 的波段处，中等厚度油膜反射率明显高于水体外，厚油膜和甚薄油膜与水体反射率光谱差异并不大。薄油膜在 521 ～ 919mn 范围内波段的反射率比水体略低，但区别并不明显。在波谱形态方面，各地物波谱形状非常相似，尤其水体、薄油膜和甚薄油膜的波谱形状相似度非常高，通过基于波形分析的 SAM 难以区分这三者。

选取 MNF 图像前 25 个波段，提取以上几种典型地物对应的 MNF 特征值波谱曲线。该曲线表明随着波段序号的增加，MNF 特征值逐渐趋于零，表明波段越往后所含有用的信息量越少。通过对 MNF 特征值波谱曲线的分析，可知海水、厚油膜、中等厚度油膜、薄油膜和甚薄油膜在各波段的 MNF 特征值差异较大，不仅能够明显区分出海水与厚油膜和中等厚度油膜，而且可以通过第一波段和第二波段的运算区分出薄油膜和水体，通过第三波段特征值区分甚薄油膜和水体。

利用基于 MNF 的决策树分类法结果，在观测区域内主要分布为薄油膜，占观测范围内的 69.16%，甚薄油膜占 12.26%。较厚的油膜和中等厚度的油膜所占面积较小，分别为 5.50% 和 6.22%，主要分布在图像上部。在图像的下部（平台的东北方向），由于距离平台比较远，加之洋流、风向的影响和人工清除的作用，厚度较大的油膜很少，主要为薄油膜和甚薄油膜。

2. 机载激光荧光溢油监测应用

目前大多数系统采集溢油荧光信息使用一种叫"门控"的技术：这种技术只有当回波信号回到接收器时，接收器才开始工作，因而可提高系统的敏感性和可控性。

通过"门控法"还能够控制接收目标上表面的信号和目标下表面的信号。实验证明激光荧光器利用"门控"法能够接收到水下 1 米甚至达到 2 米的溢油的反射信号。

激光器的重复频率和飞行速度对有污染区采样频率具有很大的影响。当对地速度为100～140，激光器重复频率为100Hz时，荧光光谱可以沿飞行方向达到每0.6米收集一次。

从ICCD获取的荧光光谱数据中可以获得不同物质被激光激发的荧光光谱数据，对光谱数据的分析可以获得荧光光谱的几个特征值：荧光光谱峰值波长，峰值波长对应的相对荧光强度。通过对延迟不同时间之后获得的荧光光谱数据可以获得荧光信号的衰减时间。这3个特征值是用于区分不同荧光物质的重要依据。根据实际距离，设置延迟时间为350ns，脉冲宽度为50ns，积分时间10ns，以确保得到较好的曲线，对多个油类测量均使用此参数，得到各种油膜的荧光光谱。

常见船用油类产品的荧光峰范围在430～520nm，各种油膜的荧光波长分布与峰值波长有明显的不同，0号轻柴油由于挥发较快导致荧光强度比其他油种低，带宽较宽，荧光峰值在506nm附近；重燃油（HFO）由于杂质组分太多，油体呈黏稠状，造成内滤效应导致荧光强度很低，与船用轻柴油（DO）相比峰值出现在较低波段；原油成分也相对复杂，本实验事先对原油进行稀释预处理，因此能够得到较强的荧光信号；40mL润滑油荧光强度高，荧光峰较陡峭，机油类的荧光峰值在430～440nm。

3. 航海雷达溢油监测应用

由于雷达的工作方式是采用360°环形扫描方式，航海雷达采集的原始脉冲信号可以转换为极坐标图像。为去除同频干扰噪声，最大限度地保留海面回波信息，需对图像进行进一步预处理，包括线检测、中值滤波等系列操作。雷达的功率在雷达图像上表现为图像灰度值，溢油信息的提取依赖溢油区域和背景区域的信号强度差异。图像中溢油区域和较远距离的背景区域灰度值接近，如果对图像灰度进行直接分割，会把较远距离的背景区域当作溢油区域，因此需要对图像做修正。

经过功率修正后的溢油区域会被凸显出来，在进行图像降噪、分割、设定特征阈值、边界提取等过程后，可以将溢油区域分离出来。对修正后的原始雷达图像进行灰度分割操作，设定灰度阈值，在灰度分割图像中，可以把相邻的黑点串成一片作为连通区域，计算连通区域的面积，当面积小于设定阈值时，可以确认其为噪声点，进行删除降噪处理，从而保留准确溢油区域。

由于溢油区域提取以后的图像仍然是雷达天线径向扫描的条带状图像，其图像数据无法与现实世界的电子海图数据进行融合，所以要对其进行坐标系转换。使图像转换成以航海雷达位置为原点、向右为 x 轴正方向、向上为 y 轴正方向、坐标单位为 m 或者 km 的坐标系统中。

船舶在海上航行时，由于基准北线与船首向存在夹角，会导致坐标系转换后的雷达图像数据与电子海图数据融合时，出现方向和角度不一致的情况。因此，应根据基准北线与船首向的夹角，将采集图像进行逆时针旋转，使图像正上方指向正北方向。得到旋转后的监测图像数据后，可以结合装载航海雷达的船舶所在位置，通过空间定位和投影变换，将以 m 或 km 为单位的监测图像数据，融合至以经纬度为单位的电子海图数据中，进而进行空间分析和成果输出，得到溢油区域的分布特征。

高光谱遥感能够解决传统光学遥感"同物异谱，同谱异物"的问题，能够区分海上油膜与假目标，并且可以进行油膜分布特征反演；激光荧光技术是一种主动式遥感技术，能够识别油膜油种，并且具有海冰、雪中油识别的潜力；航海雷达能够在夜间及雨雪、浓雾等恶劣天气条件下进行溢油监测，在海上石油运输和油田生产过程中，可以监测石油作业平台周围海域内船舶航行动态和溢油信息，为石油安全生产作业和运输提供基本保障，航海雷达已逐步成为海上溢油监测的一种新手段。

思考题

1. 海洋信息化内涵是什么？

2. 按照海洋信息化发展的阶段进行划分，结合海洋蓝色经济建设新时期的特征，我国海洋信息化发展分为哪几个阶段？

3. 什么是智慧海洋、透明海洋？我国建设数字海洋可行性主要体现在哪些方面？

第七章　大数据在物流的应用研究

导学：

一个橙子的背后

对于江西瑞金的橙农来说，"大数据"这个概念也许很难理解。但他们的生活，却实实在在地被大数据改变了。

每年的 11 月至 12 月，正是赣南脐橙收获的月份，即使有着名扬海外的品牌优势，瑞金的 11 万亩脐橙也面临着"丰产难丰收"的困局。传统的销售模式中，农产品与消费者之间隔着果农、企业、经销商等多道销售环节，销售渠道全靠线下，不仅单一，缓慢的物流速度还严重影响了果品新鲜度。很多脐橙到达消费者手里之后已经全无鲜亮之形，甘甜之味。这还给了市面上各种"假赣南脐橙"可乘之机。

不过这一切正在慢慢改变。

随着菜鸟网络在这里开设了生鲜瑞金产地仓，物流效率提高了 50% 以上，物流成本降低约 10%，中间环节的成本控制，大量人力物力的节省，直接为当地贫困户、普通农户增加了收入。

菜鸟对生鲜行业的物流有着自己的一套解决方案，通过提前规划分仓计划，并根据销售数据提供补货计划预测。这种大数据支持下的分仓体系，能够减少中转环节、缩短配送路径，从而降低货品的损耗和商家物流运营成本，大幅提升配送时效。

此外，系统留存的大数据也将为未来的地方农产品品牌化运营、智慧物流的搭建提供支持。

菜鸟首席数据科学家认为，过去大家做生意都讲商业直觉，但再好的商业直觉也没办法捕捉到整个体系的细枝末节，但大数据就可以把整个商业社会的各个环节客观地描述和捕捉下来，然后通过算法分析可以给出更加具体的建议。这就是我们重视大数据的原因。大数据里的 1 和 0 是冰冷的，但是大数据赋能物流之后，却能让城里的消费者吃上最新鲜的橙子，让山里果农一年的辛劳得到回报，在临近年关的寒冬，对美好生活充满期待。

数据存储与处理是数据应用的基础，其主要作用是将原始的物流数据上升到信息层次。智慧物流环境下，物流数据类型繁多，来源复杂，信息量大，更新速度快，传统的数据存储与处理技术已经不能满足需要，需要综合运用数据库、数据仓库、大数据实时处理、大数据挖掘以及数据可视化技术进行物流数据的存储与处理。结合智慧物流的发展实际，本部分主要从大数据的角度来分析和介绍物流数据的存储和处理问题。

学习目标：

1. 掌握物流大数据的概念和特征；

2. 熟悉常用的大数据存储方式；

3. 熟悉典型的大数据存储系统；

4. 熟悉典型的大数据处理系统；

5. 初步形成物流大数据的应用思维。

第一节　物流大数据概述

随着智慧物流系统信息感知能力的不断增强，以及物流系统长期以来的数据积累，物流大数据时代已然来临。物流大数据属于大数据的范畴，既有着大数据的共性特征，也呈现出个性化的特点。准确把握物流大数据的特征与内容，是进行物流大数据存储与处理的基础。

一、物流大数据的概念

（一）数据与信息

数据是指对客观事件进行记录为可以鉴别的符号，是对客观事物的性质、状态以及相互关系等进行记载的物理符号或这些物理符号的组合。数据是可识别的、抽象的符号，不仅指狭义上的数字，还可以是具有一定意义的文字、字母、数字符号的组合、图形、图像、视频、音频等，也是客观事物的属性、数量、位置及其相互关系的抽象表示。

在计算机科学中，数据是指所有能输入到计算机并被计算机程序处理的符号的介质的总称，是用于输入电子计算机进行处理，具有一定意义的数字、字母、符号和模拟量等的统称。计算机存储和处理的对象十分广泛，表示这些对象的数据也随之变得越来越复杂。

与数据紧密相关的概念是信息。信息与数据既有联系，又有区别。数据是信息的表现形式和载体，可以是符号、文字、数字、语音、图像、视频等。而信息是数据的内涵，信息是加载于数据之上，对数据做具有含义的解释。数据和信息是不可分离的，信息依赖数据来表达，数据则生动具体表达出信息。数据是符号，是物理性的，信息是对数据进行加工处理之后所得到的并对决策产生影响的数据，是逻辑性和观念性的；数据是信息的表现形式，信息是数据有意义的表示。数据是信息的表达、载体，信息是数据的内涵，是形与质的关系。数据本身没有意义，数据只有对实体行为产生影响时才成为信息。

借用数据的定义，物流数据可以界定为是对物流活动和过程记录或观察的结果，是用于表示物流活动和过程的未经加工的原始素材。而物流信息是对物流数据进行一定程度加工的结果。智慧物流系统中，获取物流数据是途径，而获得物流信息是目的。

（二）大数据与物流大数据

大数据（big data）也称巨量资料，指的是所涉及的资料量规模巨大到无法通过主流软件工具，在合理时间内达到获取、管理、处理，并整理成为帮助企业经营决策更积极目的的信息。

大数据具有 5V 特点（IBM 提出），即 Volume、Variety、Velocity、Value、Veracity。Volume 指数据的体量大，已经超过传统的存储和处理设施的承受能力；Variety 指数据的类型多样，既有结构化的数据，也有文本、声音、视频、网页等半结构化和非结构化的数据，并且后者将成为大数据的主流；

Velocity 指数据增长的速度快；Value 既指大数据具有较高的整体价值，也指大数据具有低价值密度的特点；Veracity 指的是大数据的质量，即真实性。

物流大数据是大数据的子集，是物流数据在大数据环境下所呈现出来的一种状态，也是物流数据不断积累所形成的结果。物流大数据，其本质仍是物流数据，即运输、仓储、搬运装卸、包装及流通加工等物流环节中涉及的数据等。物流大数据将所有货物流通的数据、物流快递公司、供求双方有效结合，形成一个巨大的即时信息平台，从而实现快速、高效、经济的物流。通过大数据分析和应用可以提高物流效率、减少物流成本、更有效地满足客户服务要求。

二、物流大数据的特征

物流大数据继承了大数据的 5V 特性，但具体表现也呈现出自己的特点。

（一）数据体量巨大

大数据最显著的特征是数据量巨大，一般关系型数据库处理的数据量在 TB 级，大数据所处理的数据量通常在 PB 级以上。随着信息技术的高速发展，数据呈现爆发性增长的趋势。大数据环境下，物流数据同样呈现出体量巨大的特点。以菜鸟网络为例，其链接 170 万物流从业者，优化专业线路 600 多万条，整合路线运输公司近 4 千家，合作伙伴运输车辆超 3 万辆，协同约 18 万个物流快递网点，每日处理数据量超过 7 万亿条，日接收物流详情超 6 亿条。

物流车辆一般以 10 ～ 30 秒的间隔向数据中心发送当前位置信息，这些移动在全国各地路网中的物流车辆每天生成的 BDS/GPS 数据都达到了 GB 甚至 TB 规模，并且还在不断增长中。这既是发展数据挖掘的驱动力，同时也是数据挖掘面临的难题。

（二）数据类型多元

大数据所处理的计算机数据类型已经不是单一的文本形式或者结构化数据库中的表，它包括订单、日志、博客、微博、音频、视频等各种复杂结构的数据。大数据中的数据类型分为结构化数据、半结构化数据和非结构化数据。与传统的结构化数据相比，大数据环境下存储在数据中的结构化数据约占 20%，而互联网上的数据，如用户创造的数据、社交网络中人与人交互的数据、物联网中的物理感知数据等动态变化的非结构化数据占到80%。

大数据环境下，物流数据同样呈现出多元化的特点，由传统的单一结构化数据拓展到结构化、半结构化和非结构化等多种类型。传统物流中，物流业务数据占有很大比重，且大部分以结构化方式存储在各类物流管理系统中，如仓储管理系统、运输管理系统等；而智慧物流情景中，物流系统的数据采集和感知能力不断增强，半结构化或非结构化的表单数据、状态数据、音视频数据等在智慧物流数据中所占的比重也不断增大。

（三）数据价值密度低

大数据中有价值的数据所占比例很小，大数据的价值体现在从大量不相关的各种类型的数据中，挖掘出对未来趋势与模式预测分析有价值的数据。数据价值密度低是大数据关注的非结构化数据的重要属性。大数据为了获取事物的全部细节，不对事物进行抽象、归纳等处理，直接采用原始的数据，保留了数据的原貌。由于减少了采样和抽象，呈现所有数据和全部细节信息，可以分析更多的信息，但也引入了大量没有意义的信息，甚至是错误的信息，因此相对于特定的应用，大数据关注的非结构化数据的价值密度偏低。

大数据环境下，物流数据同样呈现出价值密度低的特点。以当前广泛应用的监控视频为例，在连续不间断监控过程中，大量的视频数据被存储下来，许多数据可能是无用的。但是大数据的数据价值密度低是指相对于特定的应用，有效的信息相对于数据整体是偏少的，信息有效与否也是相对的，对某些应用是无效的信息对另外一些应用则成为最关键的信息，数据的价值也是相对的。

（四）数据处理速度快

速度快是指数据处理的实时性要求高，支持交互式、准实时的数据分析。传统的数据仓库、商业智能等应用对处理的时延要求不高，但在大数据时代，数据价值随着时间的流逝而逐步降低，因此大数据对处理数据的响应速度有更严格的要求。

大数据环境下，物流数据同样呈现出处理速度快的特点，尤其是搬运机器人的智能调度、在途运输监控等实时性要求高的应用。例如，在无人仓的分拣机器人的智能调度中，要求数据必须进行实时分析而非批量处理，数据输入处

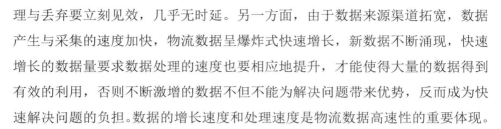

理与丢弃要立刻见效，几乎无时延。另一方面，由于数据来源渠道拓宽，数据产生与采集的速度加快，物流数据呈爆炸式快速增长，新数据不断涌现，快速增长的数据量要求数据处理的速度也要相应地提升，才能使得大量的数据得到有效的利用，否则不断激增的数据不但不能为解决问题带来优势，反而成为快速解决问题的负担。数据的增长速度和处理速度是物流数据高速性的重要体现。

（五）数据采集手段多样化

大数据的采集往往是通过传感器、条码、RFID 技术、GPS 技术、GIS 技术、Web 搜索等智能信息捕捉技术获得所需的数据，这体现了大数据采集手段多样化的特点，与传统的人工搜集数据相比更加快速，获取的数据更加完整真实。通过智能采集技术可以实时、方便、准确地捕捉并且及时有效地进行信息传递，这将直接影响系统运作的效率。

大数据环境下，物流数据的采集手段也同样呈现多样化的特点。条码技术、EPC 技术、RFID 技术等已经在商品和物品标识方面得到充分应用；传感器被广泛应用于仓储环境数据和运输工具状态数据，甚至作业人员状态数据的采集；GPS/BDS 技术、GIS 技术被广泛应用于户外运输工具、物品位置信息的采集；红外线室内定位、超声波定位、RFID 定位、超宽带定位和 Wi-Fi 定位等技术被广泛应用于室内物品位置信息的采集；视频采集设备被广泛应用于物流作业场景和作业状态数据的采集；智能手机、PDA 等移动终端也被用来进行移动状态下物流信息的采集。

（六）数据预测分析精准化

预测分析是大数据的核心所在，大数据时代下预测分析已在商业和社会中得到广泛应用，预测分析必定会成为所有领域的关键技术。通过智能数据采集手段获得与事物相关的所有数据，包括文字、数据、图片、音视频等类型多样的数据，利用大数据相关技术对数据进行预测分析，得到精准的预测结果，从而可以对事物的发展情况做出准确的判断，获得更大的价值。

大数据环境下，物流数据同样呈现出预测分析精准化的特点，同时在智慧物流的各个领域得到了充分应用。在车货匹配中，通过对运力池进行大数据分析，公共运力的标准化和专业运力的个性化需求之间可以产生良好的匹配，同时，结合企业的信息系统也会全面整合与优化；在运输路线优化方面，通过运用大数据，物流运输效率将得到大幅提高，大数据为物流企业间搭建起沟通的桥梁，物流车辆行车路径也将被最短化、最优化定制；在库存预测方面，系统会自动根据以往的销售数据进行建模和分析，以此判断当前商品的安全库存，并及时给出预警，而不再是根据往年的销售情况来预测当前的库存状况；在供应链协同管理方面，使用大数据技术可以迅速高效地发挥数据的最大价值，集成企业所有的计划和决策业务，包括需求预测、库存计划、资源配置、设备管理、渠道优化、生产作业计划、物料需求与采购计划等，这将彻底变革企业市场边界、业务组合、商业模式和运作模式等。

三、物流大数据的内容

按照数据产生的层次，物流大数据可以划分为商物管控数据、供应链物流数据和物流业务数据三类，分别对应宏观、中观和微观层面。

（一）商物管控数据

物流网络是一个复杂的网络系统，商品在网络中流通，就产生了物流商物管控数据。物流商物管控数据主要包括商物数据、物流网络数据和流量流向数据三个方面。

1. 商物数据

商物即流通商品，按其性质可划分为产品、商品和货物三类。产品是指提供给市场，被人们使用和消费的任何东西，是流通商品中最重要的一部分，包括农产品、工业产品和以流通产品与服务产品为主的其他产品；商品是指商品流通企业外购或委托加工完成、验收入库用于销售的各类产品；货物主要是指经由运输部门或仓储部门承运的产品，划分为普通货物和特殊货物。

商物数据也就是流通商品的数据。对于这类数据，主要将其各品类的流量流向数据、各地供需数据和运输网络数据等进行汇总和分析。

2. 物流网络数据

智慧物流中的网络数据分为基础设施网络数据、能力网络数据、信息网络数据和组织网络数据。基础设施网络数据主要是指智慧物流网络中基础设施的基本信息，主要包括各类别基础设施数量、各类别基础设施使用状态、各类别基础设施采集数据、各类别基础设施网络优化数据等。能力网络数据主要是智慧物流网络所具备的所有能力的数据，主要包括各运输方式的运输能力数据、流通能力数据、仓储能力数据、配送能力数据和其他能力数据。信息网络是智慧物流网络中电子信息传输的通道，信息网络数据主要包括信息技术数据、信息共享数据、信息系统数据和信息资源数据等。组织网络是指智慧物流网络中诸多要素按照一定方式相互联系起来的网络，组织网络数据主要包括网络层次数据、网络结构数据、组织管理数据、网络流程数据、组织安全性数据等。

3. 流量流向数据

智慧物流网络与一般网络不同，在智慧物流网络中，货物是不断流通的，因此就产生了货物流量和流向数据。流量数据主要是统计了智慧物流过程中和网络中在各环节的流量及相关的信息，主要包括流量分析数据、流量调控数据、流量分布数据和流量优化数据。流向数据主要描述了货物在智慧物流网络中的来源与去向，是分析智慧数据的重要基础数据。流向数据同样划分为流向分析数据、流向调控数据、流向分布数据和流向控制数据。

（二）供应链物流数据

根据供应链的不同环节，供应链物流数据分为采购物流数据、生产物流数据、销售物流数据和客户数据。

1. 采购物流数据

采购物流数据主要指包括原材料等一切生产物资在采购、进货运输、仓储、库存管理、用料管理和供应管理过程中产生的数据，按照智慧物流采购物流的流程，智慧物流采购物流数据主要包括供应商基本数据、采购计划数据、原料运输数据、原料仓储数据等。

供应商基本数据是指供应商企业提供的基础数据，主要包括所供应商品的基本信息，如商品属性、商品特点等信息，同时还有供应商的基本信息，如企业规模、企业信用度和市场占有率等数据。采购计划数据是指采购部门根据销售计划和生产计划制订的原材料或零部件的采购计划，主要包括采购商品种类、采购商品用途、采购商品数量、商品基本要求、采购周期等数据。原料运输数据是指在采购物流中原料运输产生的数据，主要包括原料运输路线、原料运输量、原料运输时间、原料运输调度、原料运输人员等数据。原料仓储数据主要是指采购物资的库存数据，包括原料库存计划、原料出库数据、原料入库数据、原料盘点数据、原料调拨数据等。

2. 生产物流数据

生产物流数据是生产工艺中物流活动产生的数据，按照智慧物流生产物流的流程和数据需求，将智慧物流生产的物流数据分为生产计划数据、生产监管数据、生产流程数据、ERP 数据等。

生产计划数据是关于企业生产运作系统总体方面的计划，是企业在计划期应达到的产品品种、质量、产量和产值等生产任务的计划和对产品生产进度的安排。生产计划数据主要包括主生产计划和次生产计划等。生产监管数据是指对企业生产活动进行监督和管理，在这个过程中，会产生大量的数据，主要包括生产原材料数据、生产产品数据、生产人员数据、生产设备数据、生产安全数据等。生产流程数据是指生产物流的流程数据，主要包括原料储存数据、生产数据、加工数据、包装数据和成品储存数据等。ERP 数据可简单分为静态数据（主数据）和动态数据（业务数据）两类，静态数据包括会计科目（总账科目、供应商、客户、固定资产等）、物料主数据、项目、人员编号等，动态数据包括科目余额、物料数量、订单、会计凭证等。

3. 销售物流数据

销售物流数据是指生产企业、流通企业出售商品时，物品在供方与需方之间实体流动的过程所产生的数据，主要包括物流数据、供需数据、订单数据、销售网络数据等。

物流数据包括运输数据、仓储数据、配送数据、包装数据、装卸搬运数据和流通加工数据等。供需数据是指销售过程中，供方和需方的基础数据，主要是指企业的供应量和消费者的需求量及各级分销商的需求量和供应量等。订单数据是指客户通过互联网或者其他渠道订购商品的单据数据，主要包括订购商品信息、订购数量、客户信息、配送信息、订货时间、订单信息等。销售网络数据是指企业分销网点形成的销售网络数据，主要包括网点基本信息、销售网络范围、网点业务范围、网点货物信息等数据。

4. 客户数据

供应链客户数据是指产品最终到达客户所具有或产生的数据，主要包括客户基本数据、客户购买数据、客户喜好数据、客户需求数据等。

客户基本数据是指购买商品的客户的基本数据，主要包括客户个人信息、客户地址、客户联系方式、客户其他信息等。客户购买数据是指客户购买商品时产生的数据，主要包括商品信息、商品物流数据、历史交易数据、反馈数据等。客户喜好数据是指对客户基本数据和客户购买数据进行大数据分析，得到的与每个客户的购物喜好有关的数据，主要包括商品类型、商品价格、商品配送时间、商品数量等。客户需求数据是指通过前面三项数据，进而得到总体客户群的需求数据，主要包括商品类型、商品数量、地理位置、配送时间等。

（三）物流业务数据

物流业务数据是物流大数据的重要组成部分。基于物流信息的分类方法，根据各业务过程中数据作用的不同，可将物流中纷繁复杂的业务数据进一步分类。

1. 运输业务数据

运输业务作为智慧物流的核心业务，其过程中产生的数据较多，按照其作用的不同，分为运输基础数据、运输作业数据、运输协调数据和运输决策数据四类。

运输基础数据是指运输业务的基础数据，是最初的信息源，是运输业务开展之前就存在的数据，一般来说，在运输作业进行前后，运输基础数据是保持不变的，其主要包括运输货物信息、运输企业信息、运输车辆基本信息、运输人员基本信息等。

运输作业数据是指在智慧物流运输过程中产生的信息。该信息与运输基础信息不同，具有波动性大、动态性等特点，只有发生运输作业才会产生运输作业数据，可以通过物联网技术对这类数据进行采集。运输作业数据主要包括运输车辆状态信息、运输货物状态信息、运输单据信息、运输环境信息等。

运输协调数据主要指运输业务中，对基础数据和决策支持数据进行分析建模，从而得到的调度数据和计划数据，主要包括运输计划、运输调整方案、运输应急调整预案数据。

运输决策数据主要指能对运输计划、调度方案和应急预案具有影响的统计信息或有关的宏观信息，对于智慧物流来说至关重要。该类信息并不是运输作业内部数据，而是与运输作业相关的外部数据，主要包括运输技术信息、运输政策法规、运输行业信息、运输专家知识及经验等方面的数据。

2. 仓储业务数据

仓储业务是智慧物流业务中的静态业务，主要业务内容包括对产品及相关信息进行分类、挑选、整理、包装、加工后，集中到相应场地或空间进行保存。在这个过程中会产生很多数据，如货物进行仓储之前的基础数据、仓储时产生的数据和其他外部数据等，根据这些数据作用的不同，可以分为仓储基础数据、仓储作业数据、仓储协调控制数据和仓储决策支持数据。

仓储基础数据是货物和仓库等与仓储作业相关的主体在仓储活动之前就已经产生的数据，按照主体的不同，可以分为货物基础信息、仓库信息、货位基础信息和人员信息等。

仓储作业数据是指仓储活动中产生的数据，根据仓储的作业流程，在进行不同操作时，会产生相应的数据，划分为入库信息、出库信息、盘点信息、仓储费用等。

仓储协调控制数据是指在进行仓储作业之前，经过对各种基础数据、外部数据进行统计、分析、计算而得出的货物仓储过程的全过程计划，同时需要对仓储过程中的所有业务环节进行预测并提出应对方案，主要包括仓储计划、货位分配计划和仓储应急预案。

仓储决策支持数据是体现智慧物流仓储过程的数据，而且这些数据都是不在仓储数据中的，但是由于智慧物流能够自动、智能地提出仓储协调控制类数据，因此，这类数据是智慧物流仓储业务中的数据与普通仓储业务最大的不同之处。仓储决策支持数据主要包括仓储技术、仓储政策法规、仓储行业信息和仓储知识及专家经验等。

3. 配送业务数据

配送是物流的最后一个环节，在智慧物流中，利用物联网等先进技术及时获得交通信息、用户需求等因素的变化情况，制定动态配送方案，完成高效率、高品质的配送。智慧物流配送数据就是在这个过程中产生的数据，可以分为配送基础数据、配送作业数据、配送协调控制数据和配送决策支持数据。

配送基础数据是指配送活动的基础数据，是在配送准备活动开始之前就产生的数据。根据数据的主体不同，分为配送货物信息、配送企业信息、配送车辆基本信息和配送人员信息等。

配送作业数据是指在配送作业进行过程中所产生的数据，以便对配送过程进行实时控制。通过分析配送业务流程，可以把配送作业数据分为订单信息、分拣信息、送货信息、送达信息等。

配送协调控制数据是指配送活动之前做出的配送计划和应急预案，根据在配送实际过程中的数据采集，可以对配送计划进行实时调整，同时，在遇到紧急情况时，可以启动应急预案，来应对突发状况。配送计划的主要内容包括配送的时间、车辆选择、货物装载及配送路线、配送顺序等的具体选择；配送应急预案主要分为设备故障应急预案、事故应急预案、灾害应急预案等。

配送决策支持数据不是配送过程中产生的数据，而是外部的数据，以便智慧物流系统可以制订最优的配送计划，并实时进行调整。配送决策支持数据主要包括配送技术、配送政策法规、配送行业信息和配送知识及专家经验等。

4. 其他业务数据

在智慧物流中，除了运输、仓储、配送这三大核心业务之外，还有包装、流通加工和装卸搬运这三个辅助业务，根据不同的货物类型，这三个业务的重要性不同，这三个业务只是对物流业务提供辅助决策支持，因此，将这三个业务归为其他业务类。在智慧物流其他业务数据中，根据数据的作用不同，将其分成其他业务基础数据、其他业务作业数据、其他业务协调控制数据和其他业务决策支持数据。

其他业务基础数据是三个辅助业务活动的基础。这三个业务中，设备的作用非常重要，因为越是细小的操作，越需要精细的设备。因此，其他业务基础数据主要包括货物基本信息、企业基本信息、人员基本信息和设备基本信息。

其他业务作业数据是指在包装、流通加工和装卸搬运作业进行过程中产生的数据，可以将其分为包装作业数据、流通加工作业数据和装卸搬运作业数据。

其他业务协调控制数据是基于基础数据，借助辅助决策支持数据，进而制订包装、流通加工、装卸搬运业务实施的计划和应急预案，来为物流活动提供依据。在智慧物流中，这部分数据是系统自动生成的，不需要借助人来操作。

其他业务决策支持数据是指为包装、流通加工和装卸搬运业务提供决策支持的数据，可以分为其他业务技术、其他业务政策法规、其他业务行业信息和其他业务知识及专家经验等。其中，其他业务行业信息主要包括三个业务的行业重要咨询、行业分析报告、市场竞争报告、市场需求等信息。

第二节　物流大数据存储技术

物流大数据的管理包括存储、处理与应用等环节，其中，数据存储是物流大数据管理的首要环节，也是进行数据处理与应用的重要基础。物流大数据虽然在内容上具有鲜明的个性特征，但其本质上仍是大数据。大数据存储的相关技术同样适用于物流大数据的存储。

一、大数据存储的相关概念

（一）结构化数据与非结构化数据

按是否具有数据结构，可将物流大数据划分为结构化数据、非结构化数据和半结构化数据三种。所谓结构化数据，即有数据结构描述信息的数据，主要为各类表格，其特点是先有结构，再有数据。所谓非结构化数据，指的是不方便用固定结构来表现的数据，例如，图形、图像、音频、视频信息等，其特点是只有数据，没有结构。而半结构化数据介于前两者之间，例如，HTML 文档，它一般是自描述的，数据结构和内容混在一起，其特点是先有数据，再有结构。

在物流大数据中，结构化、非结构化和半结构化数据都是客观存在的，大数据存储技术需要覆盖所有的类型。

（二）关系型数据库与非关系型数据库

按所使用数据模型的不同，数据库可以划分为关系型数据库和非关系型数据库。

关系型数据库创建在关系模型基础上来处理数据库中的数据，其接口语言一般为结构化查询语言（SQL），典型代表有 Oracle、DB2、Sybase、SQL Server、MySQL、Postgresql 等，新型的 MPP、RDB 也属于关系型数据库，主要用于存储结构化的数据。

非关系型数据库没有标准定义，包括表存储数据库、键值存储数据库、面向文档的数据库等。其接口语言也无统一标准，包括各自定义的 API、类 SQL、MR 等。典型的非关系型数据库主要有 HBase、MongoDB、Redis 等，主要用于存储非结构化的数据。

对于物流大数据而言，非关系型数据库技术是必不可少的，但关系型数据库也是不可或缺的。

（三）行式存储与列式存储

传统关系型数据库主要采用行存储模式，海量数据的高效存储和访问要求引发了从行存储模式向列存储模式的转变。

所谓的行存储，即一行中各列一起存放，单行集中存储。在索引效率方面，海量数据索引既占用大量空间，且索引效率随着数据增长越来越低；在空间效率方面，同一行不同列数据类型不同，压缩效率低，空值列依然占据空间；在 I/O 方面，查某列必须读出整行，I/O 负荷高、速度慢；同时，表结构改变影响较大。行存储主要适用于数据写入后需要修改和删除以及基于行的反复查询等。

与行存储不同，列存储一行中各列独立存放，单列集中存储。在索引效率方面，基于列自动索引，海量数据查询效率高，不产生额外存储；在空间效率方面，同一列数据类型相同，压缩效率高，空值不占空间；在 I/O 方面，只需读出某列数据，I/O 负荷低且速度快；并且可随时增加动态列。列存储适用于批量数据一次写入和基于少量列的反复查询。

二、大数据存储方式

大数据时代的关键不仅是帮助人们分析有价值的信息，更重要的是如何将这些有价值的信息存储下来，为未来或当下提供有效的信息。大数据的出现同时伴随着信息产业的发展，促进存储技术的革新。面对数据量庞大、结构复杂的物流数据，应该采用什么样的方式来存储，也是信息行业为此一直努力探索的目标。目前的存储模型有 NoSQL、分布式系统存储和云计算存储等。

（一）NoSQL

传统型关系型数据库在面对大数据时，数据存储和处理速度慢，扩展性和弹性较低，这也注定它们不能成为大数据存储的首要选择，因此 NoSQL 是为了满足信息产业需求而产生的数据管理技术。NoSQL 全称是 Not Only SQL，指的是一系列非关系型数据库，可以说是为大数据而生的，它打破了传统数据库模型的局限性。

1.NoSQL 数据库的分类

NoSQL 数据库分为键值存储数据库、列存储数据库、文档型数据库和图形数据库四种类型。

键值存储数据库中所有的数据都是以键值方式存储的，使用起来非常简单方便，性能也非常高。列存储数据库，通常是用来应对分布式存储的海量数据，键仍然存在，但是它们的特点是指向了多个列。文档型数据库以一种特定的文档格式存储数据，例如，使用 JSON 格式，在处理网页等复杂数据时，文档型数据库比传统键值数据库的查询效率更高。图形数据库利用类似于图的数据结构存储数据，结合图相关算法实现高速访问。

2.NoSQL 数据库的优势

与传统的关系型数据库相比，NoSQL 数据库具有以下优点。

NoSQL 用于处理非结构化的数据类型，容纳复杂的数据模型。相比传统数据库，其数据结构的扩展性更强，处理速度更快。例如，传统数据库每个元组的结构相同，即使某一实例无某种字段类型，也会被分配为定义的字段；而NoSQL 模式是以键值对为标准，对数据进行存储，并没有首先对元组进行固定的格式化结构，而是根据不同元组的不同需求来定义，同时实现数据之间没有联系，从很大程度上减少了空间资源的成本，以及时间的开销。

NoSQL 类型的数据库可以搭建在成本较低的硬件设备上，同时也支持分布式存储。分布式存储以网络环境为依据，数据分布存储在不同的节点（服务器）上。对用户而言，这样的工作方式是不可见的，这也让 NoSQL 具有高度扩展性，并且维护成本较低。

（二）分布式系统存储

1. 分布式系统的原理

物流大数据的数据类型多样，结构混合，处理起来非常复杂。传统的数据库在数据增大到一定级别时，例如，十几个字段的数据表增加到几百个数据表，那么数据库的响应速度随之也会变得缓慢。其实这样的劣势与它的数据处理模式有关系，传统的处理模式为集中式存储方式，数据存储在集中的服务器内，若其中某台因超负荷处理而崩溃，数据容易造成丢失。分布式系统存储是指将数据分成各个部分，让多台处理器并行处理各自数据，某一节点崩溃不会导致其他节点同时崩溃。分布式技术允许在一个时间点内多个合法用户访问存储数据和目录。分布式文件系统可以允许两个以上的节点同时执行相关数据库事务。

2. 分布式系统的优势

与传统的集中式存储相比，分布式系统具有如下特点。

（1）存取效率高。

分布式处理模式将数据分布在不同的具有多处理器的数据服务器上，每台服务器事务的处理不用等待上一个事务完成，处理器间并行处理数据。

（2）独立性、扩展性较强。

分布式系统由多台服务器同时工作，各部分相互独立。当一台出现问题，并不影响其余服务器的进程任务，很大程度上提高了数据与系统的稳定性；分布式系统扩展性较强，处理的各个数据放置在不同的地方，相互之间独立，当添加新的节点，不会影响数据的丢失，因而实现负载均衡，横向扩展性较强，而传统模式的弹性较差。

三、典型大数据存储系统

目前，大数据存储系统类型已经比较丰富，不同系统因侧重点的不同在性能上存在着较大差异。典型的大数据存储系统主要有以下几种。

（一）Hadoop HDFS

Hadoop HDFS 是新型分布式文件系统的典型代表，提供高可靠、高扩展、高吞吐能力的海量文件数据存储。

HDFS 的内部机制是将一个文件分割成一个或多个块，这些块被存储在一组数据节点中。HDFS 支持任意超大文件存储，其硬件节点可不断扩展。HDFS 对上层应用屏蔽分布式部署结构，提供统一的文件系统访问接口，应用无须知道文件具体存放位置，使用简单。

HDFS 中，不同块可分布在不同机器节点上，通过元数据记录文件块位置。HDFS 系统设计为高容错性，每块文件数据在不同机器节点上保存 3 份；这种备份的另一个好处是可方便不同应用就近读取，提高访问效率。

HDFS 适用于大文件、大数据处理，处理数据达到 GB、TB 甚至 PB 级别的数据；适合流式文件访问，一次写入，多次读取；文件一旦写入不能修改，只能追加。但不适合于低延时数据访问，小文件存储，以及并发写入，文件随机修改等场景。

（二）MongoDB

MongoDB 是一种面向文档的数据库。传统数据库只适合存储结构化数据，对于海量非结构化、半结构化数据则无能为力，而面向文档的数据库技术填补了这一空白。传统关系型数据库中，复杂数据放在数据库中，而低价值大文件放在文件系统中，彼此分离存储和访问。在面向文档的数据库中，数据的记录就是文档，涵盖各种数据类型，数据统一管理和访问；数据库可分布式部署，对外提供统一视图。

MongoDB 的设计目标是高性能、可扩展、易部署和易使用，存储数据非常方便。MongoDB 适用于网站数据存储，数据缓存，大尺寸、低价值的数据存储，高伸缩性的场景，对象及 JSON 数据的存储等多种应用场景。但对于高度事务性的系统（如仓储管理系统、运输管理系统等），传统的商业智能应用，以及

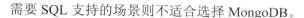

需要 SQL 支持的场景则不适合选择 MongoDB。

（三）Redis

Redis（Remote Dictionary Server，远程字典服务器）是一种基于内存的键 / 值存储数据库。由于传统关系型数据库主要采用二维表硬盘存储方式，难以满足海量数据高速大并发读写的需要，基于键 / 值的分布式存储技术应运而生并得到广泛应用。

传统的关系数据库的存储介质为硬盘，读写速度慢；存储模式为磁盘阵列；数据结构为二维表，所以不支持复杂数据结构；获取方式为 SQL，支持复杂查询。Redis 与关系数据库在技术原理上有较大差异。Redis 数据大部分时间存储在内存中，所以读写速度快（读的速度是 110 000 次 /s，写的速度是 81 000 次 /s），适合存储频繁、访问频繁、数据量比较小的数据；对于缓存而言，Redis 又可以持久化；存储模式支持 X86 分布式部署；数据结构为键值，其值类型支持复杂数据结构；获取方式为应用程序接口 API，不支持复杂查询。

Redis 适合小数据量的存储以及实时性要求高的场景，用来存储一些需要频繁调取的数据，这样可以大大节省系统直接读取磁盘来获得数据的 I/O 开销，更重要的是可以极大地提升速度。但是不适合做完整数据库，完整数据库基本上都有一套详细的解决方案。

（四）HBase

HBase（Hadoop Database），是采取分布式 MPP 架构的列存储数据库，底层存储基于 HDFS。其不同于一般的关系数据库，是一个适合非结构化数据存储的数据库。利用 HBase 技术可在廉价 PC Server 上搭建大规模结构化存储集群。

HBase 由 Client、Zookeeper、HMaster、HRegionServer 等组成。Client 提供访问 HBase 的接口，并且维护对应的 Cache 来加速 HBase 的访问。Zookeeper 存储 HBase 的元数据（Meta 表），无论是读还是写数据，都需要先访问 Zookeeper 获取元数据。HMaster 用于协调多个 HRegionServer，侦测各个 HRegionServer 之间的状态，并平衡 RegionServer 之间的负载，同时负责分配 Region 给 RegionServer。HRegionServer 处理客户端的读写请求，负责与底层

HDFS 交互。

HBase 具有容量巨大、面向列、扩展性、高可靠性和高性能等特点。因此，对于数据量规模非常庞大，有实时的点查询需求，能够容忍 NoSQL 的短板，以及数据分析需求不多等情况，可以选择 HBase 进行数据存储。

第三节　物流大数据处理技术

大数据处理是利用分布式并行编程模型和计算框架，结合机器学习和数据挖掘算法，实现对海量数据的处理和分析；对分析结果进行可视化呈现，帮助人们更好地理解数据、分析数据。大数据处理基于大数据存储，两者在概念上虽然相对独立，但在实际应用过程中是紧密相关的。

一、大数据处理的相关概念

（一）OLTP 与 OLAP

物流大数据的处理可以划分为联机事务处理（On-Line Transportation Processing，OLTP）和联机分析处理（On-Line Analytical Processing，OLAP）两种方式，两者对技术的要求很难兼顾。

OLTP 以业务操作为主，对一条记录数据会多次修改，支持大量并发用户添加和修改数据。数据处理过程中，需要确保数据的一致性、事务的完整性，并且数据读写实时性高。其处理的数据量一般为 GB 级或 TB 级。在物流领域，OLTP 主要用于对仓储、运输等过程中的业务数据处理。

OLAP 以业务分析为主，数据写入后基本不再修改，能较好地支持大量并发用户进行大数据量查询，支持多维数据以及对多维数据的复杂分析。其处理的数据量一般为 TP 级或 PB 级。在物流领域，主要用于决策分析系统或数据库。

（二）批处理与流处理

批处理与流处理是数据处理的两种模式。

批处理是指在特定时间段内批量处理大量数据，一次可处理大量数据。当数据大小已知且有限时，可以使用批处理。批处理程序以一次执行多条语句来处理数据，相比于一次一条其执行效率会提高很多。

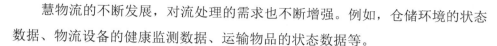

慧物流的不断发展，对流处理的需求也不断增强。例如，仓储环境的状态数据、物流设备的健康监测数据、运输物品的状态数据等。

（三）数据库与数据仓库

数据库（Database）是一种逻辑概念，即用来存放数据的仓库，通过数据库软件来实现。数据仓库（Data Warehouse）是数据库概念的升级。从逻辑上理解，数据库和数据仓库没有区别，从数据量来说，数据仓库要比数据库更庞大。

数据库主要用于事务处理，而数据仓库主要用于数据分析。用途的不同决定了两者架构的特点不同。数据库是相对复杂的表格结构，存储结构相对紧致，冗余数据少；读和写都有优化；读、写和查询相对简单，单次操作的数据量小。而数据仓库是相对简单的表格结构，存储结构相对松散，冗余数据多；一般只是读优化；查询相对复杂，单次作用于相对大量的数据（历史数据）。

（四）数据可视化、数据分析与数据挖掘

数据可视化、数据分析与数据挖掘是大数据处理中常用的三种手段。三者之间既有着紧密的联系，也存在着明显的区别。

数据可视化（Data Visualization）指通过图表将若干数字以直观的方式呈现给读者。例如，常见的饼图、柱状图、趋势图、热点图和 K 线图等。目前以二维展示为主，不过越来越多的三维图像和动态图也被用来展示数据。

数据分析狭义上指统计分析，即通过统计学手段，从数据中精炼对现实的描述。例如，针对关系型数据库中以表形式存储的数据，按照某些指定的列进行分组，然后计算不同组的均值、方差、分布等，再以可视化的方式将这些计算结果呈现出来。目前很多文章中提及的数据分析，其实是包括数据可视化的。

数据挖掘（Data Mining）的定义也是众说纷纭。落到实际，主要是在传统统计学的基础上，结合机器学习的算法，对数据进行更深层次的分析，并从中获取某些传统统计学方法无法提供的洞见（如预测）。简单而言，即针对某个特定问题构建一个数学模型（可以把这个模型想象成一个或多个公式），其中包含一些具体的未知参数。将收集到的相关领域的若干数据（训练数据）代入模型，通过运算（训练），得出未知参数的值。然后用这个已经确定了参数的模型，计算一些全新的数据，得出相应结果，这一过程被称为机器学习。机器学习的算法纷繁复杂，最常用的主要有回归分析、关联规则、分类、聚类、神经网络和决策树等。

二、典型物流大数据处理技术

物流大数据处理中涉及的技术主要有数据仓库、数据实时处理和数据可视化等技术。

（一）智慧物流数据仓库

物流数据仓库主要是对物流数据进行集成化的收集与处理，不断地对信息系统中的数据进行整理，为决策者提供决策支持。智慧物流数据仓库主要解决智慧物流环境下的物流数据提取、集成与数据的性能优化等问题。

抽取（Extract）、转换（Transform）和加载（Load）是智慧物流数据仓库中最重要的三个环节，即 ETL 过程。抽取和加载通常是定期的，即每天、每星期或每个月。因此，智慧物流数据仓库常常没有或者说不需要有当前数据。智慧物流数据仓库虽然包含事务型数据，但不支持操作型事务处理。对于智慧物流数据仓库而言，用户不是寻找对个别事务的反应，而是寻求包括在整个数据仓库中的一个特定子集上的企业（或其他组织）状态的趋势和模式。

（二）智慧物流数据实时处理

智慧物流环境下，各种数据采集终端实时采集、传输物流数据，并依此制订和优化物流计划，实现智慧物流的快速响应。传统的数据分析工具是为分析历史数据而设计的，而处理海量的物流实时数据，就需要借助大数据实时处理技术，满足海量数据处理的高并发、大容量和高速度需求。

以京东商城大数据实时处理架构为例。通过在线实时计算集群、缓存集群完成对物流数据的实时计算，用以支持在线服务，支撑报表应用、分析应用、推荐应用等功能；通过分布式消息系统、高速存取集群、流式计算集群等，完成实时计算，用以更新日志系统、企业消息总线；最后在企业数据仓库进行财务、采销等数据推送，以及数据分析挖掘，从而完成离线计算。

（三）智慧物流数据可视化

智慧物流数据可视化将大型数据集中的数据以图形图像形式表示，并利用数据分析和开发工具发现其中未知的信息。其可视化的一般流程可以划分为获取整理数据、建立数据模型、可视化呈现和发布数据四个环节。其中，可视化呈现是其重要环节，通过选取合适的图形进行数据的展示。

智慧物流数据常用的可视化呈现方式主要有柱形图（包括堆积柱形图、簇状柱形图）、饼图、风玫瑰图、直方图、密度曲线（包括二维核密度曲线）、散点图（包括散点图矩阵）、气泡图、相关系数图、雷达图、平行坐标图、热图、箱线图、小提琴图，以及分组图形和分面图形等。数据呈现方式选择过程如图 7-1 所示。

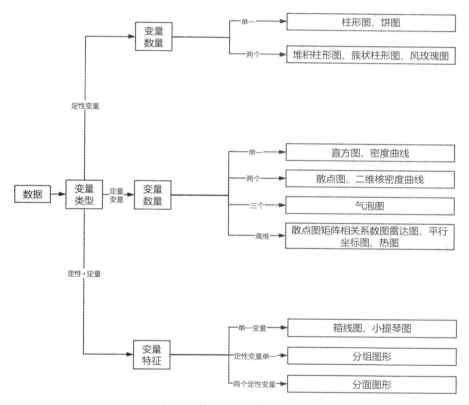

图 7-1　数据呈现方式选择过程

近年来，智慧物流数据可视化的需求不断升级，需要在同一页面上呈现各种不同的绩效指标，像汽车仪表盘那样，被称作绩效仪表盘。绩效仪表盘是大部分绩效管理系统、绩效评估系统、BPM 软件套件和商务智能平台中常见的组件。仪表盘将重要的信息整理并显示在同一屏幕中，使用户可以很容易地理解这些信息，并方便用户深入分析。

第四节　物流大数据的应用

一、AR 智慧物流系统

近年来，AR 应用在物流行业全面推广，不仅可以降低员工培训成本，而且可以在全自动化环境中支持机器人承担视觉类工作，减轻工作人员的工作负担。但是因为现有的通信技术带宽比较小，数据传输速度比较慢，无法支持 AR 应用实现规模化商用，所以 AR 技术还没有大量地在企业推广应用。

5G 网络的带宽非常大，而且利用 MIMO（Multiple-Input Multiple-Output，多输入多输出）技术使得通信非常稳定，为 AR 在物流行业的应用提供了强有力的支持。未来，AR 技术将以 5G 为支撑，在下一代物流行业实现广泛应用。下面我们从仓储、运输、配送三个环节入手，介绍 AR 在物流行业的应用。

（一）仓储环节

仓储环节的工作难点在于商品分拣与复核。为了保证商品能够保质保量地交付到消费者手中，物流公司要对每个订单进行选拣和复核。在这个过程中，快递分拣员需要逐一扫描商品的条形码，对物品进行识别、查找，并履行订单。据统计，快递分拣员每天平均弯腰超过 3000 次，要识别 5000 多个条码。

引入 AR 技术与设备之后，这个过程就变得非常简单。例如，快递分拣员可以佩戴 AR 眼镜对整个货架进行扫描，如果要查找、跟踪商品信息，只需轻按眼镜腿两侧的按键即可。此外，AR 显示屏还能显示商品的具体位置，帮助仓储管理人员迅速找到商品并完成分拣。与此同时，物流系统会自动对相关信息进行更新。

（二）运输环节

"最后一公里"问题困扰物流行业已久，这个问题主要表现为物流效率低，货物交付不及时，如果继续追溯，导致这个问题出现的原因主要在配送中心装载货物方面，具体表现为货物重量估算不准确，装配方式不正确，货物放置信息没有记录，这一个个小问题最终影响了物流配送效率。而借助 AR 技术与后台运算，运输人员就可以对物品的装载顺序进行优化，提高装载调货的效率，减少出错率。例如货物装卸工佩戴 AR 智能眼镜之后，可以直接"看到"待装载区内的货物信息，包括货物重量、尺寸、放置位置等信息，可以极大地提高货物的装卸速度与效率。

相较于货物装卸环节来说，影响货物运输效率的因素更多，例如交通拥堵、交通事故、货物存放环境等。一旦货物在运输途中发生意外，例如起火，可能导致整车货物被毁，给企业带来巨大的经济损失。AR 技术是否可以提高货物运输效率，保证货物运输安全呢？

答案是肯定的。货车司机配备 AR 智能眼镜之后会自动启动导航定位系统，实时看到交通拥堵情况，获得不断更新的行驶路线，准确地避开限行、限高路段，节省运输时间，提高运输效率。除此之外，货车司机还能通过 AR 智能眼镜"看到"货物的属性参数和存放环境标准。当货物低于存放标准时，货车司机就能收到提醒，及时采取解决方案，尽量减少损失。

总而言之，AR 技术在智能物流行业还有很多应用，带给物流行业更多新的发展空间，为物流公司开展精细化运营，降低运营成本，提高运营效率提供了强有力的支持。

（三）配送环节

在配送环节，AR 技术可以对物品的配送路线进行优化，将配送线路上的路况信息及时、准确地反映出来。快递员在派送包裹时可以利用 AR 眼镜识别快递编号与门牌号，提高快递配送效率，优化"最后一公里"的快递配送体验。在 5G 技术的支持下，工作人员可以使用 AR 眼镜高效地完成工作，让物流从仓储到运输再到配送实现一体化。

二、5G 物流与数据智能

在 5G 的支持下，以大数据和云计算为基础形成的"云物流"将变得更加实用。在新一代物流体系中，物流节点的数据计算可以分为两种类型，一种是集中式计算，一种是移动边缘计算。在这两种计算方案的共同作用下，物流数据的准确计算将变得简单易行。这两种数据计算方案对应着两种数据存储方案，一种是集中式存储，一种是分布式存储，它们相辅相成，共同进步。

（一）5G+MEC：物流云数据计算平台

在移动边缘计算中，5G 可以为其提供高速通信，并凭借海量接入特性让边缘计算与集中式计算实现紧密融合。在物流应用场景中，很多节点都是边缘通信节点。在新一代物流体系中，在 5G 的作用下，移动节点将数据计算、存储、缓存等功能迁移到网络边缘侧，再由边缘侧的服务器负责和远端的数据云计算通信实现数据同步。凭借分布式的移动云边缘计算方案，物流数据计算平台不再对数据进行集中管理，而是由边缘服务器对附近节点的数据进行存储、处理，使得数据计算效率得以大幅提升。

在大数据时代，数据成为企业非常重要的资产，数据规模大幅增长，处理难度越来越大。随着拥有较大带宽的 5G 网络实现规模化商用，物流大数据处理的速度与效率将越来越快。目前，在物流行业，大部分数据都来源于上层应用。在 5G 网络环境下，随着物流大数据与云计算平台不断发展，数据来源将变得日益丰富，不仅是上层应用，任何一个物流节点都有可能将产生的数据上传到云端数据库，并对数据进行实时更新。

因此，在 5G 网络环境下，无论物流企业、电商还是消费者，都将兼具多重身份，包括数据的生产者、搬运者、得益者。从这方面来看，在提升新一代物流行业服务质量方面，5G 将发挥极其重要的推动作用。

（二）5G+ 区块链：保护物流数据安全

近几年，我国物流行业飞速发展，虽然取得了一些显著成绩，但仍然存在一些问题没有解决。通过深入研究发现，传统物流体系建立在大规模、可扩展的海量数据存储技术的基础上，需要对用户、物流、驿站等大数据进行分析，对数据安全存储技术进行研究。在这个过程中，需要利用区块链技术维护数据安全。而区块链技术支持下的物流信息交换需要高效的通信技术提供支持，5G 无疑是最好的选择。

区块链技术可以将物流过程中产生的资金信息、产品信息以及物流位置信息记录下来，在 5G 网络环境下，这些信息可以高效流通，使行业整体效率得以大幅提升。在 5G 网络环境下架设的区块链技术物流安全体系用智能合约代替传统的服务器程序，可以直接在区块链上运行特定的合约程序。

在智能合约的作用下，物流安全体系的自动化、智能化水平得以大幅提升，整个物流过程变得更加透明，整个物流供应链的数据变得更加真实、可信。同时，随着 5G 通信技术深入应用，分布式模块之间的通信速度大幅提升，切实迎合了新一代物流行业的发展要求。

凭借 5G 高带宽的特性，区块链密钥计算与数据处理的速度与效率可以大幅提升，可以和电商平台的安全方案相互协作，共同维护物流体系的安全，为物流企业、电商企业和消费用户的正常运转保驾护航。

三、物流智慧能源供给

智能能源又叫作智慧能源，是一种新型的能源系统。在智慧地球项目推进的过程中，智慧能源与智慧城市、智慧交通一起扮演着非常重要的角色。从供给方式方面来看，智慧能源与传统能源存在显著区别，智慧能源将能源与智能技术结合在一起，智能技术在其中发挥着关键作用。对于新一代物流来说，智慧是一个非常显著的特性，因此在新一代物流架构中，智能能源将成为一种非常重要的能源供给方式。

在目前的物流系统中，能源供给的关键在于仓储环节，电网模块是主要的能源使用方式。因此，在新一代物流体系中，想要提升能源供给效率必须打造智能电网，建设一个能源与网络相融合，可以使用智能技术分配能源方案的电网系统，以切实提高仓储能源的供给效率。在新一代物流体系中，电能供给要使用智能电网技术，其中发电技术主要包括可再生能源研究、分布式储电方案等。企业级的用电再分配技术与能源数据控制技术则更加智能。

凭借高带宽、支持海量接入的特性，5G 网络可以切实满足智能电网的数据通信要求。在新一代物流体系的能源供给模式中，超大带宽、超低时延的 5G 网络可以充分满足传输层的要求。同时，凭借 5G 网络切片安全、隔离等特性，企业可以自建组网框架，创建独立的电网系统。当然，智能电网在物流行业的应用需要国家与企业共同努力,使 5G 的应用场景无限拓展。

在 5G 网络环境下,物流系统的电能负荷可以严格控制,通过高效率的数据通信,各用电终端的负荷可以自由调整。通过 5G 高速率的数据上传,用电终端的信息可以实时采集,并与远程计电终端的数据保持同步,提高能源计算效率。除此之外,5G 对异构能源网络的接入也为新能源的分布式接入提供了方便。

智能电网是 5G 在物流能源供给领域的一个重要应用。除此之外,物流能源供给的方式还有很多。作为传输层的一项通信技术,5G 可以支持物流企业对能源进行有效把控,使能源利用效率得以大幅提升。

以智能电网技术为依托,新一代物流行业中的各个企业都可以节约资源成本,在优化物流服务方面投入更多资金,推动零售业不断进步,进而带动整个物流产业链不断发展。但在我国,电网直属国家管控,想要实现智能化升级,在新一代物流企业中广泛应用,需要国家电网牵头,在各地市将 5G 网络控制器部署到相应的单位和企业。

四、工业级物流监控

凭借较高的带宽,5G 可以实现稳定通信,因此,在工业级的智能监控中,5G 可以实时感知运输、仓储等环节出现的问题,并以视频或图像的方式将这些问题及时向数据中心反馈。因此,相较于传统的通信技术来说,在 5G 的支持下,物流监控环节的效率以及智能化程度可以大幅提升。

信息采集终端主要由硬件设备组成,核心任务是采集产品基本环境信息。在整个过程中,5G 主要负责在终端与监控中心之间传输信息,通信网关在监控中心的指挥下对物流终端进行控制,并对运输路径进行规划等。

应用端与监控中心之间的信息传输可以不通过 5G 网络,但如果应用端是远程移动终端,依然需要 5G 作为数据传输技术。因此,凭借在数据下载与传输方面的高带宽特性,5G 可以在监控领域实现广泛应用。

其实,工业级监控的主要目的在于对物流信息进行整合,实现共享,因此工业级监控主要由终端数据采集、数据库存储管理、GIS 共享信息平台、监控分析查询上层应用等模块组成。物流企业不仅可以查询到物品的物流路径，而且可以对物品状况进行监控，做好统计分析等工作。

通过共享信息平台，包括运输人员在内的各物流节点上的工作人员可以实时掌握物品运输状况，接收远程指令。因此，在5G网络环境下，从生产到运输、仓储等环节都可以得到全面、实时的监控。

工业级监控与一般监控存在显著差异，一般来说，一般监控使用的都是单一终端，终端之间相互独立，采集到数据之后将数据传输到监控中心即可；而工业级监控的终端数量比较多，类型丰富，接入扩展比较容易，要求通信平台支持海量接入。5G网络可以很好地满足这一要求，支持大量硬件终端无缝接入，形成一体化的监控体系。

目前，从技术层面来看，5G完全可以满足工业级监控的条件。但想要让工业级监控在物流行业真正落地应用，还需要企业和国家投入大量资源对物流企业进行扶持。

五、工业级视觉系统

物流行业的智慧化升级离不开计算机视觉技术的推动，尤其是深度学习技术的推广应用使计算机视觉技术与物流行业深度融合，使图像识别、人脸识别、目标检测、目标追踪等变得更加智能、高效。

计算机视觉系统具有高效、准确、成本低等特点，在物流行业应用被称为工业视觉系统。在新一代物流行业，很多环节、场景无法由人工完成，或者人眼无法捕捉到更多有效信息，就需要利用工业视觉代替人类视觉，让物流行业的自动化程度得以大幅提升。

凭借5G高速率、低时延的特性，工业视觉系统在新一代物流行业得到了广泛应用，物流监控和视觉采集系统可以用来采集数据，视觉分析技术可以对数据进行高层语义分析。在5G的支持下，这些环节的操作效率都可以大幅提升。

工业化视觉系统的时延非常低，可以准确识别外界环境，识别过程不能出现较大误差。因此在整个物流过程中，视觉系统是非常重要的一个环节，一旦出现问题就会导致整个产业链的工作效率下降，甚至有可能诱发事故。

从技术层面来看，目前 5G 还无法满足工业化视觉系统的要求。但随着 5G 技术的性能不断优化，工业级视觉系统超低时延的要求就能得到更好地满足，系统也可以对外界突然发生的变化做出积极响应。总而言之，在工业化视觉系统的支持下，新一代物流行业的各个环节将实现自动化升级，工作效率将大幅提升。

思考题

1. 物流大数据具有哪些特征？

2. 物流大数据包括哪些内容？

3. 常用的大数据存储方式有哪些？

4. 典型的大数据存储系统有哪些？

5. 简述数据存储与数据处理之间的关系。

参考文献

舍乐莫，刘英，高锁军，2019. 云计算与大数据应用研究 [M]. 北京：北京工业大学出版社.

韩义波，2019. 云计算和大数据的应用 [M]. 成都：四川大学出版社.

申时凯，佘玉梅，2019. 基于云计算的大数据处理技术发展与应用 [M]. 成都：电子科技大学出版社.

王雪瑶，王晖，王豫峰，2019. 大数据与云计算技术研究 [M]. 北京：北京工业大学出版社.

林伟伟，彭绍亮，2019. 云计算与大数据技术理论及应用 [M]. 北京：清华大学出版社.

李玉萍，2019. 云计算与大数据应用研究 [M]. 成都：电子科技大学出版社.

钟绍辉，2019. 云计算与大数据关键技术应用 [M]. 哈尔滨：黑龙江教育出版社.

安俊秀，靳宇倡，2019. 高等教育规划教材云计算与大数据技术应用 [M]. 北京：机械工业出版社.

林楠，刘莹，王叶，2019. 大数据与云计算研究 [M]. 哈尔滨：东北林业大学出版社.

齐宏卓，秦怡，高劼超，2020. 云计算与大数据 [M]. 哈尔滨：哈尔滨工业大学出版社.

宋宇翔，2020. 云计算与大数据应用 [M]. 天津：天津科学技术出版社.

孙傲冰，姜文超，涂旭平，2020. 云计算、大数据与智能制造 [M]. 武汉：华中科技大学出版社.

郭常山，2020. 云计算技术与大数据应用 [M]. 西安：西北工业大学出版社.

任伟，2020. 大数据时代下云计算研究 [M]. 徐州：中国矿业大学出版社.

鲍征烨，2020. 大数据时代云计算相关版权问题研究 [M]. 南京：河海大学出版社.

何仕轩，赵静，原锦明，2020. 云计算基础 [M]. 上海：上海交通大学出版社.

马睿，苏鹏，周翀，2020. 大话云计算 [M]. 北京：机械工业出版社.

张捷，赵宝，杨昌尧，2021. 云计算与大数据技术应用 [M]. 哈尔滨：哈尔滨工程大学出版社.

吴疆，朱江，林灵，2021. 基于云计算的大数据处理技术研究 [M]. 北京：中国原子能出版社.

李雪竹，2021. 云计算背景下大数据挖掘技术与应用研究 [M]. 成都：电子科技大学出版社.

李丽萍, 2021. 大数据时代云计算技术的发展应用 [M]. 西安: 西北工业大学出版社.

宋俊苏, 2021. 大数据时代下云计算安全体系及技术应用研究 [M]. 长春: 吉林科学技术出版社.

徐小龙, 2021. 云计算与大数据 [M]. 北京: 电子工业出版社.

李云, 秦蓉, 2021. 云计算与大数据的应用 [M]. 长春: 吉林出版集团股份有限公司.

邢丽, 边雪芬, 王鹏, 2021. 云计算与大数据技术•Linux 网络平台 + 虚拟化技术 +Hadoop 数据运维 [M]. 北京: 人民邮电出版社.

黄建波, 2021. 从零开始学物联网•云计算和大数据 [M]. 北京: 清华大学出版社.

刘静, 2022. 云计算与大数据应用研究 [M]. 长春: 吉林出版集团股份有限公司.

安俊秀, 靳思安, 黄萍, 2022. 面向新工科高等院校大数据专业系列教材•云计算与大数据技术应用 [M]. 北京: 机械工业出版社.

陶皖, 2022. 高等学校新工科计算机类专业系列教材•云计算与大数据 [M]. 西安: 西安电子科技大学出版社.

余来文, 黄绍忠, 许东明, 2022. 互联网思维 3.0• 物联网云计算大数据 [M]. 北京: 经济管理出版社.

陈赤榕, 叶新江, 李彦涛, 2022. 云计算和大数据服务技术架构、运营管理与智能实践 [M]. 北京: 清华大学出版社.

王智民, 2022. 云计算安全•机器学习与大数据挖掘应用实践 [M]. 北京: 清华大学出版社.

于长青, 2023. 云计算与大数据技术 [M]. 北京: 人民邮电出版社.

杨勇虎, 2023. 云计算与大数据在生活中的应用 [M]. 长春: 吉林出版集团股份有限公司.

吕云翔, 钟巧灵, 柏燕峥, 2023. 大数据与人工智能技术丛书•云计算与大数据技术 [M].2 版. 北京: 清华大学出版社.

王斌会, 王术, 2023. 大数据分析与预测决策及云计算平台 [M]. 广州: 广州暨南大学出版社.

柏世兵, 2023. 云计算技术在计算机大数据分析中的应用研究 [M]. 北京: 中国纺织出版社.

吕云翔, 柏燕峥, 2023. 全国高等学校计算机教育研究会"十四五"规划教材•大数据与人工智能技术丛书•云计算导论 [M]. 北京: 清华大学出版社.